Elke Anna Framson • Transkulturelle Marketing- und Unternehmenskommunikation

manual

Elke Anna Framson

Transkulturelle Marketing- und Unternehmens- kommunikation

facultas.wuv

Basiswissen Translation

herausgegeben von Mira Kadrić, Universität Wien

Wissenschaftlicher Beirat

Jan Engberg (Århus)
Sylvia Kalina (Köln)
Christiane Nord (Heidelberg)
Erich Prunč (Graz)
Christina Schäffner (Birmingham)
Mary Snell-Hornby (Wien)

Elke Anna Framson, Mag. Dr., lehrt am Institut für Translationswissenschaft der Universität Wien.

Bibliografische Information Der Deutschen Nationalbibliothek

Die Deutsche Nationalbibliothek verzeichnet diese Publikation in der Deutschen Nationalbibliografie; detaillierte bibliografische Daten sind im Internet über http://d-nb.de abrufbar.

© 2009 Facultas Verlags- und Buchhandels AG, Wien
facultas.wuv, Berggasse 5, 1090 Wien
Alle Rechte, insbesondere das Recht der Vervielfältigung und der Verbreitung sowie der Übersetzung, sind vorbehalten.
Innengestaltung und Satz: Jürgen F. Schopp
Druck: Facultas AG
Printed in Austria

ISBN 978-3-7089-0390-3

Vorwort

Internationale wirtschaftliche Tätigkeit und transkulturelle Kommunikation sind untrennbar und eng miteinander verbunden. Diese Verbindung ist Thema des vorliegenden Manuals. Anhand von theoretischen Ausführungen und Beispielen aus der Praxis wird verdeutlicht, dass, wenn immer Unternehmen auf ausländischen Märkten aktiv werden und sind, transkulturelle Kommunikation stattfindet und dass Unternehmen nicht auf ausländischen Märkten aktiv sein können, ohne transkulturell zu kommunizieren.

Dort, wo transkulturell kommuniziert wird, tauchen Kommunikationsbarrieren auf, da unsere Kommunikationswerkzeuge und unser Kommunikationsverhalten kulturell verankert sind. In Folge entsteht ein Bedarf an Expertinnen, die durch ihre Kommunikationskompetenzen nicht nur in ihrer eigenen, sondern auch in einer oder mehreren anderen Kulturen, diese Barrieren überwinden und den reibungslosen Ablauf der Kommunikation ermöglichen können. Im vorliegenden Manual werden verschiedene Bereiche untersucht und beschrieben, in denen transkulturelle Kommunikation stattfindet und die daher (potentielle) Aufgabenbereiche für Expertinnen der transkulturellen Kommunikation darstellen. Ausgangspunkt für die Betrachtungen ist das international tätige Unternehmen, wobei sowohl die Kommunikation *innerhalb* des Unternehmens als auch Kommunikationsströme *ausgehend vom* Unternehmen beleuchtet werden. Den Hintergrund bilden die Entwicklungen im internationalen Handel und in der grenzüberschreitenden wirtschaftlichen Tätigkeit und Zusammenarbeit, die mit dem Begriff *Globalisierung* beschrieben werden können.

Dieser Band richtet sich an Studierende der transkulturellen Kommunikation, an Dolmetscherinnen und Übersetzerinnen, die ihre Kompetenzen und ihr Wissen über den thematisierten Bereich erweitern möchten, sowie an Personen aus der Wirtschaftspraxis, die selber mit der Thematik der transkulturellen Kommunikation konfrontiert sind und transkulturelle Kommunikationsprozesse managen müssen. Die behandelte Thematik ist Teil des Arbeitsalltags vieler Menschen, da transkulturelle Interaktionen in der globalisierten Wirtschaft alltäglich sind. Ein großer Teil dessen, was von Translatorinnen getextet, übersetzt und gedolmetscht wird, steht in Zusammenhang mit internationalen geschäftlichen Abläufen und Beziehungen. Die internationale Wirtschaft bedingt und braucht transkulturelle Kommunikation.

An mehreren Stellen des Manuals werden Dialoge und Beispiele aus der Praxis angeführt, die die beschriebenen Sachverhalte verdeutlichen sollen. Diese kommen teilweise aus den angegebenen Quellen, der Großteil davon stammt jedoch aus meinem eigenen Erfahrungspool und aus einer vor mehreren Jahren von mir durchgeführten empirischen Studie zur Rolle von Translatorinnen im globalisierten Handel und aus den im Zuge der Untersuchung durchgeführten qualitativen Interviews mit Personen in international tätigen Unternehmen. Immer wieder den Bezug zur Praxis herzustellen, war ein großes Anliegen dieses Bandes, da die geschilderte Praxis für viele Kommunikationsexpertinnen die alltägliche Realität darstellt oder darstellen wird. In den Beispielen ging es weniger um die Diskussion von Texten oder um Textkritik, sondern primär um die Verdeutlichung der Erwartungen seitens der Auftraggeberinnen und der Anforderungen der Praxis, sowie um die Darstellung von Abläufen, die die Miteinbeziehung von Kommunikationsexperten und deren Rolle beleuchten.

An dieser Stelle möchte ich ganz besonders meinem Mann danken, der seit vielen Jahren in internationalen Unternehmen tätig ist und mir immer wieder in Diskussionen und Gesprächen erneut einen Einblick in die Praxis gibt und so meine eigenen praktischen Erfahrungen und meine theoretischen Nachforschungen mit neuen Einsichten bereichert. Mein Dank gilt auch Jürgen Schopp für die Textgestaltung und die Optimierung der enthaltenen Abbildungen, dem Verlag für die rasche und unkomplizierte Abwicklung und Mira Kadrić, der Herausgeberin dieser Reihe, für die gute Zusammenarbeit.

Inhaltsverzeichnis

1 Einleitung

Im vorliegenden Manual geht es um transkulturelle Kommunikation, um grenzüberschreitende wirtschaftliche Tätigkeit und um die Verbindung zwischen Kommunikation und den Abläufen in der internationalen Wirtschaft. Es geht auch um die Rolle von Expertinnen der transkulturellen Kommunikation, also um diejenigen, die durch ihr Studium und ihre Erfahrungen außergewöhnliche und bewusste Kompetenzen im Hinblick auf Kommunikation, Kulturen und Kulturunterschiede besitzen, an den Schnittstellen transkulturellen wirtschaftlichen Handelns.

Was die im Manual verwendeten Bezeichnungen für die Expertinnen und Experten der transkulturellen Kommunikation betrifft, so werden diese der Einfachheit halber als Kommunikationsexpertinnen (und -experten) und Translatorinnen (und Translatoren) bezeichnet. Der breiter gefasste Begriff Kommunikationsexpertinnen bzw. Kommunikationsexperten wird deshalb vorzugsweise verwendet, da nicht alle, die ein Studium der transkulturellen Kommunikation abschließen, als Translatorinnen und Translatoren tätig sein werden. Es gibt, besonders in der Wirtschaft, auch anderen Stellen, in denen Kommunikationsexpertinnen aufgrund ihrer transkulturellen Kompetenzen gefragt sind und in denen sie diese effektiv einsetzen können. Was die Verwendung der weiblichen bzw. männlichen Formen betrifft, so wurde, wiederum der Einfachheit halber, der Ansatz der alternierenden Verwendung gewählt, wobei kapitelweise jeweils entweder das Femininum oder das Maskulinum verwendet wird.

Die Rolle von Kommunikationsexpertinnen in der internationalen Wirtschaft wird in zweierlei Hinsicht betrachtet, da beide in der Realität zutreffen. Einerseits werden Kommunikationsexpertinnen, wie eben Dolmetscherinnen oder Übersetzerinnen, als Personen betrachtet, die *Kulturgrenzen überschreitende Kommunikation für andere ermöglichen*. In dieser Funktion ist die Translatorin eine Expertin, die hinzugezogen wird, damit sie anderen hilft, Botschaften zu übermitteln. Dazu ist sie befähigt, weil sie die für diese Aufgabe benötigten Kompetenzen besitzt. Sie verfügt über umfassendes Wissen über ihre Arbeitskulturen, ist sich der Unterschiede zwischen ihnen bewusst und kann so optimale Kommunikationslösungen für Menschen anbieten, die dieses umfassende und vor allem bewusste Wissen nicht haben.

Im Umfeld internationaler wirtschaftlicher Tätigkeit kann es aber auch sein, bzw. ist es sehr wahrscheinlich, dass sich eine Kommunikationsexpertin nicht nur in der Rolle der außen stehenden Expertin wieder findet, sondern dass sie *selbst eingebunden ist in transkulturelle Arbeitssituationen und Arbeitsgruppen*. Ihre transkulturellen Kompetenzen müssen dann nicht vorrangig im Dienste anderer angewendet werden, sondern sie sind ein wichtiges Werkzeug für ihr eigenes erfolgreiches Kooperieren in diesen Situationen und Teams. Dieser Betrachtungswinkel ist in dem vorliegenden Band ein ganz wichtiger, da kulturell homogene Arbeitsgruppen heute in vielen Bereichen nicht die Regel, sondern die Ausnahme sind und sich gerade durch ein Studium der transkulturellen Kommunikation Tätigkeitsbereiche eröffnen, wo Kontakte mit Menschen aus anderen Kulturen alltäglich sind, unter anderem eben auch im internationalen oder international tätigen Unternehmen.

Das Verstehen grundlegender Abläufe und Zusammenhänge in der internationalen Wirtschaft, insbesondere im Marketing, und die Vertrautheit mit grundlegenden Begriffen und Konzepten dieses Bereichs ist eine Voraussetzung für die Tätigkeit von Kommunikationsexpertinnen in der Praxis. Die wirtschaftlichen Außenbeziehungen von Unternehmen und Ländern schaffen einen großen Teil des transkulturellen Kommunikationsvolumens und des Translationsvolumens, und es ist für Kommunikationsexpertinnen wichtig, ihre Rolle und ihre Bedeutung im Gefüge der Abläufe zu verstehen. Vor allem aber ist es wichtig, dass sie sich der Bedeutung ihrer Rolle bewusst sind.

Im Mittelpunkt dieses Buches steht das international tätige Unternehmen als Organisation, die Kommunikationsexpertinnen benötigt und somit für diese Arbeit und Arbeitsplätze schafft. Unternehmen sind profitgerichtete Organisationen, sie wollen ihre Produkte und Dienstleistungen absetzen und damit Geld verdienen. Vieles von dem, was hier vermittelt wird, kann aber auch auf den Non-Profit-Bereich übertragen werden. Auch Organisationen, deren internationale Tätigkeit nicht auf Profit ausgerichtet ist, wie z. B. *Caritas* oder *Ärzte ohne Grenzen*, betreiben Marketing und müssen sowohl innerhalb der Organisation als auch nach außen hin, z. B. mit (potentiellen) Spendern, kommunizieren. Die Kommunikationsziele unterscheiden sich zwar von denen eines Unternehmens, die Zusammenhänge und vor allem auch die Erwartungen im Hinblick auf die Kommunikation sind aber gleich.

Der Aufbau des Buches gestaltet sich so, dass zuerst auf grundlegende Begriffe wie Kommunikation und Kultur eingegangen wird und dass wichtige Barrieren der transkulturellen Kommunikation beschrieben werden. Nach diesem einleitenden Kapitel erfolgt der Einstieg in das Thema mit einer Diskussion des Begriffs der Globalisierung, wobei die wirtschaftliche und die kulturelle Dimension der Globalisierung und der Zusammenhang zwischen beiden ausführlicher behandelt werden. Die weiteren Kapitel befassen sich dann ganz konkret mit der Kommunikation ausgehend vom und im international tätigen Unternehmen, also mit der Marketing- und Unternehmenskommunikation. In diesen Kapiteln geht es primär darum, wie und wo Kommunikationsbarrieren auftreten und Kommunikationsexpertinnen benötigt werden, um für die Auftraggeberinnen in der Wirtschaft Kommunikation zu ermöglichen. In weiterer Folge werden Themen behandelt, die für Kommunikationsexpertinnen als Personen, die selbst in einem globalen Umfeld und in transkulturellen Arbeitsteams tätig sind, von höchster Relevanz sind, wie z. B. das Thema Feedback, der Einflussfaktor Macht und die Herausforderungen beruflicher Auslandsaufenthalte. Die Behandlung dieses Themenbereiches war mir als Translatorin, die selbst mehrere berufliche und private Auslandsaufenthalte erlebt hat und in einem internationalen Umfeld lebt und arbeitet, ein ganz besonderes Anliegen.

Thema des vorliegenden Bandes sind die Abläufe im internationalen Marketing. An dieser Stelle sei darauf hingewiesen, dass im Hinblick auf dieses Thema nicht der Anspruch auf Vollständigkeit erhoben wird. Vielmehr war es Ziel, die enge Verbindung zwischen internationalem Marketing und transkultureller Kommunikation zu beleuchten – für alle jene, die vorhaben oder glauben, zukünftig in diesem Bereich tätig zu sein, für alle, die diese Verbindung täglich in ihrem eigenen Arbeitsumfeld erleben, aber auch für jene, die aus reinem Interesse einen Einblick in die Praxis gewinnen möchten. Es wurden jene Aspekte und Bereiche hervorgehoben und beschrieben, die im Hinblick auf die Tätigkeit von Kommunikationsexpertinnen von Relevanz sind. Marketing ist ein enorm großer und komplexer Bereich, der sich wie die gesamte Wirtschaft in einem ständigen Wandel befindet, und es gäbe noch vieles, das hinzugefügt werden könnte … Ich hoffe dennoch, dass der vorliegende Band den Leserinnen einen interessanten und lehrreichen Einblick sowohl in die Theorie als auch die Praxis gibt und dass es mir gelungen ist, Zusammenhänge zu verdeutlichen, die ihre Tätigkeit in der Praxis positiv beeinflussen werden oder auch ihr Interesse an diesem Fachbereich und den Wunsch nach weiterer Vertiefung geweckt haben.

2 Transkulturelle Kommunikation

2.1 Kommunikation als Handlung

Wenn wir kommunizieren, tun wir etwas – wir *handeln*. Kommunikation ist also eine Handlung. Genauer gesagt ist Kommunikation eine Handlung zwischen zwei oder mehreren Personen, eine Form der Interaktion, bei der primär verbale aber auch nonverbale (z. B. unsere Körpersprache) Elemente eingesetzt werden. Zumeist verfolgt die Handlung „Kommunikation" ein konkretes Ziel, nämlich die Vermittlung von Informationen in Form einer Botschaft, und ist intentional. Bei einem Kommunikationsvorgang gibt es grundsätzlich eine Senderin, die das, was sie vermitteln möchte, in Form einer Botschaft verpackt („kodiert"), und eine Empfängerin, die die Botschaft „dekodiert", um das Vermittelte aufzunehmen.

Das Handlungsziel kann deutlich erkennbar sein, wie z. B. im Fall eines Mahnschreibens, dessen Ziel es ist, die Adressatin unmissverständlich darauf hinzuweisen, dass ihre Zahlung für eine in Anspruch genommene Leistung oder ein erworbenes Produkt überfällig ist und unmittelbar getätigt werden muss, um rechtliche Konsequenzen zu vermeiden. Das Handlungsziel einer Kommunikation muss aber nicht immer so deutlich sein wie beim Mahnschreiben. So ist vielleicht ein Gedicht auf den ersten Blick nur der Ausdruck von Gefühlen – was ja auch wiederum als Kommunikationsziel bezeichnet werden kann – und erst bei genauerem Lesen wird klar, dass darin eine politische Botschaft enthalten ist. Kommunikation kann auch mehrere Ziele verfolgen, wie das oft bei der Werbung der Fall ist. Ziel einer Werbung kann sowohl die Beeinflussung der Kaufentscheidung bei einem Teil der Zielgruppe sein, aber gleichzeitig auch die Erreichung eines allgemein höheren Bekanntheitsgrades des werbenden Unternehmens.

Kommuniziert wird, wie erwähnt, nicht nur mit Worten, sondern auch über nonverbale Elemente wie die Gestik oder die Mimik. Auch ein Räuspern kommuniziert. Wir senden ständig Signale aus. Manche dieser Signale geschehen auch unbewusst. Wenn wir über etwas überrascht sind und als Folge die Augenbrauen hochziehen, dann geschieht das vielleicht nicht bewusst, es kommuniziert dem Gegenüber aber unsere Gefühle. Wir kommunizieren auch über die Art und Weise, wie wir uns kleiden oder unser Haar tragen. Gerade im beruflichen Umfeld spielt das Äußere eine große Rolle und in vielen Unternehmen gibt es so genannte „Dress Codes" – Unternehmen möchten über die Kleidung der Mitarbeiterinnen etwas zum Ausdruck bringen, sie senden eine Botschaft.

Die Handlung „Kommunikation" erfolgt nicht im luftleeren Raum, sondern ist eingebunden in eine *Situation* bzw. entsteht aus einer Situation heraus. Wenn wir das Beispiel des Mahnschreibens betrachten, so ist die Situation, aus der heraus diese kommunikative Handlung entsteht, das Nicht-Bezahlen einer Rechnung. Die Ausgangssituation für das politische Gedicht kann der Zustand im Land der Verfasserin sein und im Falle der Werbung stellt, vereinfacht gesagt, der Wunsch oder die Notwendigkeit des Unternehmens, sein Produkt zu verkaufen, die Ausgangssituation dar. Da auch die Situation nicht im luftleeren Raum ent- bzw. besteht, folgt aus der Situationsgebundenheit der kommunikativen Handlung deren Einbettung in einen *kulturellen Rahmen*.

Gehören Senderin und Empfängerin einer Botschaft derselben Kultur an, dann hat die Empfängerin grundsätzlich keine Probleme bei der Dekodierung der Botschaft. Wenn sich der kulturelle Rahmen der Situation über mehrere Kulturen erstreckt und die Kommunikation *transkulturell* ist, dann kann es notwendig sein, dass die Hilfe einer dritten Partei, z. B. einer Kommunikationsexpertin, hinzugezogen werden muss, um eine Verständigung zu erreichen. Dies ist besonders dann der Fall, wenn zwischen der Kultur der Senderin und der Kultur der Empfängerin keine oder nur minimale Überlappung besteht.

Das Ziel der kommunikativen Handlung kann nur dann erreicht werden, wenn bestimmte Voraussetzungen erfüllt sind.

- Die Senderin der Botschaft kennt die Kultur der Empfängerin gut genug, um die Botschaft so zu verfassen, dass sie von der Empfängerin dekodiert werden kann.
- Die Empfängerin kennt die Kultur der Senderin gut genug, um die unangepasste Botschaft richtig dekodieren zu können.
- Beide kennen die Kultur des jeweils anderen gut genug, damit weder Kodierung noch Dekodierung ein Problem sind.

Voraussetzung ist auf jeden Fall eine Überlappung der kulturellen Erfahrungswerte der Kommunizierenden. Wenn das nicht der Fall ist, dann braucht man eben Kommunikationsexpertinnen, die sowohl die Ausgangskultur (die Kultur, der die Senderin angehört) als auch die Zielkultur (die Kultur, der die Empfängerin angehört) kennen und verstehen und auf dieser

Basis die Botschaft dekodieren können, um sie dann wieder neu auf die Empfängerin zugeschnitten zu kodieren.

Die folgende Abbildung zeigt zuerst eine transkulturelle Kommunikationssituation, in der zwischen Ausgangs- und Zielkultur keine Überlappung besteht und die Botschaft nicht ankommt. Das zweite transkulturelle
Kommunikationsszenario bezieht eine Kommunikationsexpertin mit ein, deren Kulturkompetenz sich über beide Kulturen, die der Senderin und die der
Empfängerin erstreckt, wodurch sie in der Lage ist, die Kommunikation zu
ermöglichen.

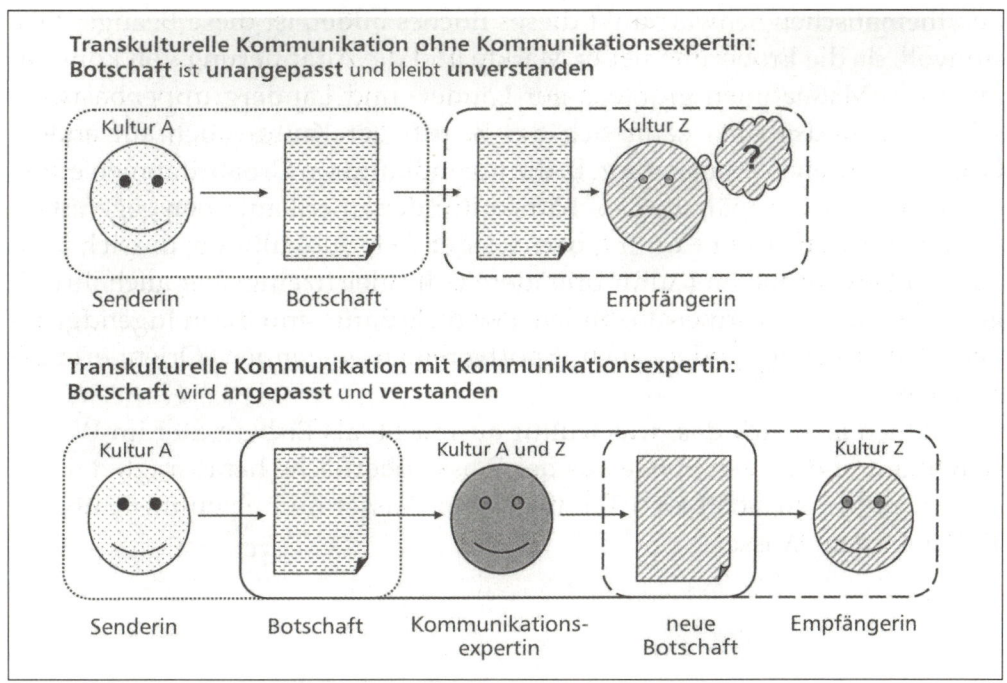

Abbildung 1: Transkulturelle Kommunikation

2.2   Kultur als Bezugsrahmen für Kommunikation

Die Kultur der Kommunizierenden bildet den Bezugsrahmen für die kommunikative Handlung. Kommunikative Handlungen finden innerhalb von
und zwischen Kulturen statt, sie sind geprägt von den Kulturen der Kommunizierenden. Immer dann, wenn über Kulturgrenzen hinweg – transkulturell
– kommuniziert wird, gelten mindestens zwei Kulturen als Bezugsrahmen,
nämlich die Kultur der Person, die die Kommunikation initiiert und die Bot-

schaft oder Information aussendet, und die Kultur der Person, an die die Botschaft gerichtet ist.

Kultur ist ein System von Normen für das Denken und Verhalten von Menschen innerhalb einer Gruppe, ein „Orientierungssystem" (Thomas et al.: 2005) für diese Gruppe. Die Gruppe kann dabei unterschiedlich definiert sein. In diesem Buch bezieht sich Kultur als Orientierungssystem auf das Land bzw. die Nation, d. h., wenn wir hier von Kultur sprechen, dann sprechen wir von der Kultur eines Landes. Transkulturell kommunizieren bedeutet dann primär, über nationalstaatliche Grenzen hinweg kommunizieren. Im Hinblick auf die Marketing- und Unternehmenskommunikation, die den thematischen Schwerpunkt dieses Buches bildet, ist diese Bezugsgröße sinnvoll, da die Eroberung neuer Märkte und die Adaptierung von kommunikativen Maßnahmen großteils auf Länder- und Ländergruppenbasis geschieht. Grundsätzlich kann sich der Begriff der Kultur auch auf andere Gruppen beziehen. Man kann z. B. die Jugendkultur in Großbritannien erforschen oder die europäische Geschäftskultur der amerikanischen gegenüberstellen. Innerhalb jeder Kultur gibt es wieder viele Subkulturen, die sich zwar an der übergeordneten Kultur orientieren, die gleichzeitig aber auch ihre eigenen Werte und Normen ausbilden. Beispiele dafür sind die in Jugendgruppen, Unternehmen oder auch Sportvereinen geltenden Orientierungssysteme.

Bildlich lässt sich das, was Kultur ausmacht, als Eisberg, der im Wasser schwimmt und dessen Spitze aus der Wasseroberfläche herausragt, darstellen. Es gibt einen sichtbaren Teil über dem Wasser und einen unsichtbaren Teil unter dem Wasser.

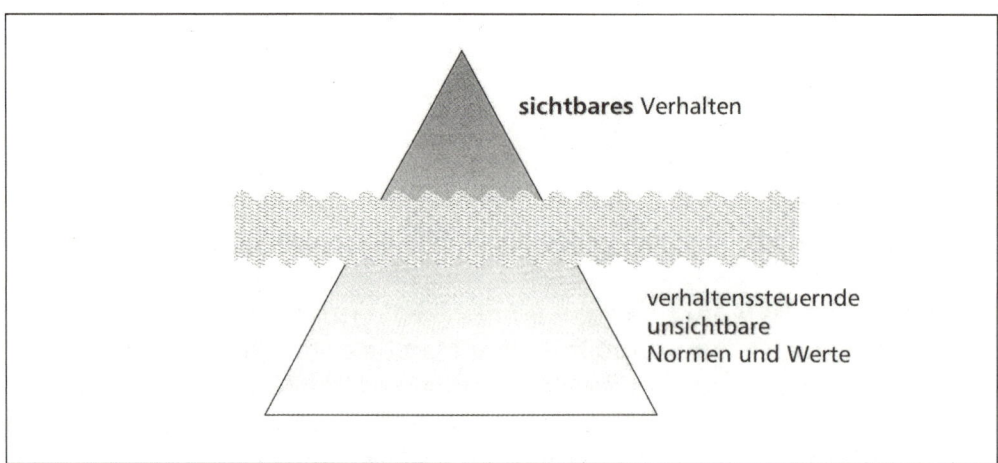

Abbildung 2: Kultur als Eisberg

Sichtbare Elemente einer Kultur sind alle geistigen und materiellen Produkte dieser Kultur, wie z. B. ihre Musik, ihr Essen und ihre Sprache, aber auch die sichtbaren bzw. wahrnehmbaren Verhaltenselemente, wie z. B. das Zeitverhalten (Pünktlichkeit etc.), das Raumverhalten (die Nähe zur Gesprächspartnerin etc.) und das Lautstärkeverhalten (die Lautstärke der Gespräche zwischen Familienmitgliedern etc.). Der unsichtbare und daher schwerer zu beschreibende Teil einer Kultur ist das *Warum*, das hinter den geistigen und materiellen Produkten und dem Verhalten steht. Das sind die verhaltenssteuernden Werte und Einstellungen, die *Steuerelemente*. Wenn wir mit Menschen aus anderen Kulturen zusammentreffen, dann nehmen wir wahr, dass sie sich anders verhalten – sie sprechen eine andere Sprache, vielleicht sprechen sie sehr laut und mit vielen Gesten, vielleicht stellen sie sich im Gespräch sehr nahe an uns heran. Welche Motivationen oder Normen hinter ihrem Verhalten stehen, wissen und verstehen wir meist nicht. Wir nehmen es wahr, bewerten es – als anders, als zu laut etc. – hinterfragen es aber nicht. Zur Erläuterung ein Beispiel aus der wirtschaftlichen Praxis:

> *Smalltalk* ist in den USA beim Zusammentreffen von Geschäftsleuten eine übliche Verhaltensweise und somit Teil der Geschäftskultur dieses Landes. Von Menschen aus anderen Kulturen wird dieses Verhalten oft als oberflächlich eingestuft und als überflüssig betrachtet. *Smalltalk* hat jedoch einen Grund bzw. eine Funktion, nämlich die Verringerung der Distanz zum Gegenüber und das Schaffen einer harmonischen Basis, auf der in weiterer Folge gute geschäftliche (und möglicherweise sogar private) Beziehungen aufgebaut werden können. Es geht nicht nur um einen sinnlosen Austausch von unbedeutenden Informationen, wie das oberflächlich betrachtet erscheinen mag, sondern hinter dem Verhalten stehen Normen und Wertvorstellungen. Der Wunsch nach einem harmonischen Verhältnis, bevor man auf die eigentlichen Gesprächsthemen übergeht, ist das Element, das unter der Wasseroberfläche liegt und das wahrnehmbare Verhalten über dem Wasser steuert. (Unter der Wasseroberfläche lassen sich die Gründe von Verhaltensweisen bzw. das Entstehen von Normen für das Verhalten oft noch weit zurückverfolgen. So könnten auch das Entstehen und weitere Begründungen für die kommunikative Erscheinungsform des *Smalltalks* weiterverfolgt werden.)

Kulturelle Orientierungen sind nur sehr schwer abzulegen. Selbst Menschen, die lange Zeit im Ausland leben, lernen zwar ein neues Orientierungssystem kennen und verstehen und passen sich an, orientieren sich jedoch nach wie vor primär an der eigenen Kultur. Dennoch sind Kulturen keine starren Gebilde, sondern sie entwickeln und verändern sich ständig. Ein Beispiel dafür ist die Rolle der Frau in der Gesellschaft, die sich im vergangenen Jahrhundert stark verändert hat. Die Veränderung im Rollenbild der Frau zeigt jedoch auch, dass grundlegende Änderungen im Norm- und Wertesystem einer Kultur nur sehr langsam vor sich gehen.

2.3 Das „Erlernen" von Kultur

Im Laufe des Lebens wächst ein Mensch in die Kultur, in die er oder sie hineingeboren wurde bzw. in der er oder sie lebt, hinein, ein Prozess, der *Enkulturation* genannt wird. Enkulturation ist ein langsamer und stetiger Prozess, der in hohem Maße unbewusst geschieht und Teil der Entwicklung eines Menschen ist. Er vollzieht sich weitgehend über Erfahrung und Nachahmung, aber auch über aktives Lernen. Wenn ein Kind sich in einer Situation unangebracht benimmt – z. B., wenn die Mutter mit einer anderen Erwachsenen spricht und das Kind ständig unterbricht, indem es laut „Mama" ruft und am Ärmel zupft – und die Eltern ihm sagen, „dass man so etwas nicht tut", dann ist das Teil der Enkulturation.

Obwohl Enkulturation mit dem Tag, an dem wir in eine Kultur hineingeboren werden, beginnt und wir vieles von dem, was unsere Kultur ausmacht, in unserer Kindheit und Jugend – in der Familie, in der Schule, im Freundeskreis – erlernen und erwerben, so ist dieser Prozess nie ganz abgeschlossen, da wir im Laufe des Lebens immer wieder in Situationen kommen, die uns neu sind und in denen wir angemessenes Verhalten erlernen müssen. Auch wenn wir die Normen und Regeln der Kultur unseres Landes kennen, erfolgt immer dann, wenn wir in eine Subkultur eintreten, erneut ein Prozess der Enkulturation. Ein Beispiel dafür ist die Tätigkeit in einem neuen Betrieb – wenn jemand eine neue Arbeitsstelle antritt, dann muss er oder sie nicht nur Dinge erlernen, die mit der auszuübenden Tätigkeit zusammenhängen (z. B. wie man eine Maschine bedient), sondern auch die Werte und Normen, die in diesem Betrieb vorherrschen.

Als Folge der Enkulturation werden die in der eigenen Gruppe gültigen Normen und Verhaltensweisen als „normal" und sinnvoll betrachtet und in der Interaktion mit den anderen „normativ", in dem Sinne, dass sie als Maßstab gelten und die Erwartungen prägen. Der Prozess der Enkulturation gewährleistet, dass wir innerhalb der Kultur ohne größere Probleme interagieren und kommunizieren können – wir kennen ja die Regeln, die die Interaktion und die Kommunikation steuern. Wenn es innerhalb von Kulturen zu Verständigungsproblemen kommt, dann ist das sehr oft auf die bereits angesprochene Zugehörigkeit zu Subkulturen und die Verwendung subkultureller Sprachen zurückzuführen – Begriffe, die Jugendliche verwenden, sind der älteren Generation nicht bekannt, Begriffe aus dem Arbeitsleben sind denjenigen, die nicht in demselben Fachbereich tätig sind, fremd. Dabei geht es nicht nur um neue Begriffe, die verwendet werden, sondern oft bekommen Wörter der Alltagssprache in Subkulturen eine neue Bedeutung und werden so in der Verwendung durch Mitglieder der Subkultur für Außenstehende unverständlich.

Damit Kommunikationsexpertinnen transkulturelle Kommunikation ermöglichen können, müssen sie ihre Arbeitskulturen kennen und verstehen. Das bedeutet, dass sich ein Lernprozess ähnlich der Enkulturation vollziehen muss. Der Erwerb von Sprachkompetenz ist dabei ein wichtiges Element, aber für die Tätigkeit von Translatorinnen keinesfalls genug. Kommunikationsexpertinnen müssen die verschiedensten Aspekte ihrer Arbeitskulturen verstehen, auch die Elemente, die sich, um zum Eisbergbild zurückzukehren, unter dem Wasser befinden.

Verständnis für eine fremde Kultur kann aufgebaut werden, wenn man sich intensiv mit ihr auseinandersetzt, z. B. in Form eines längeren nicht touristischen Auslandsaufenthaltes, der das Erfahren des Alltagslebens in der fremden Kultur mit sich bringt. Voraussetzung für das Verstehen der fremden Kultur sind Offenheit und eine positive Einstellung ihr gegenüber. Ablehnung und Negativität sind große Barrieren beim Aufbau einer Beziehung mit einer fremden Kultur. Für Kommunikationsexpertinnen ist aber abgesehen vom Erfahren und Erleben der fremden Kultur auch die *bewusste* Auseinandersetzung mit dieser von Bedeutung. Expertinnen transkultureller Kommunikation zeichnen sich dadurch aus, dass sie umfassendes bewusstes Wissen über und Verständnis für ihre Arbeitskulturen und die Unterschiede zwischen ihnen haben und dass sie mit der grundlegenden Problematik der transkulturellen Kommunikation vertraut sind. Das ermöglicht ihnen einerseits, selbst effektiv transkulturell zu kommunizieren und andererseits, für andere, die dazu nicht in der Lage sind, funktionierende transkulturelle Kommunikation zu ermöglichen.

2.4 Sprache als Kommunikationsbarriere

Kulturen unterscheiden sich in vielen Aspekten. Ein für die Kommunikation wichtiger Unterschied zwischen Kulturen ist die Sprache. Die Sprache dient der Kommunikation und kann als das System der gesprochenen und geschriebenen Symbole einer Gruppe bezeichnet werden. Gleichzeitig ist sie auch ein Spiegel der Kultur, da von der Benennung auf die Existenz von Dingen, Konzepten und Ideen geschlossen werden kann. Was Sprache ausmacht, sind jedoch nicht nur die gesprochenen und geschriebenen Symbole, sondern vor allem die Verwendung und der Einsatz dieser Symbole in spezifischen Situationen und unter spezifischen Bedingungen.

Wenn wir das Bild des Eisbergs zur Darstellung von Kultur heranziehen, so kann die Sprache einer Kultur zunächst im sichtbaren Teil des Eisbergs angesiedelt werden. Die Sprache ist ein geistiges Produkt der Kultur, eine Form des Handelns bzw. ein Werkzeug zur Interaktion mit anderen Mitgliedern der Kultur, vor allem aber ist sie hörbar und somit wahrnehmbar. Die fremde Sprache einer fremden Kultur ist auch eines der Elemente, durch das die Andersartigkeit in der Interaktionssituation am raschesten wahrgenommen wird. Wenn wir mit Menschen aus anderen Kulturen zusammentreffen, dann fällt uns die Andersartigkeit der Sprache dieser Menschen sofort auf. Oft ist es auf den ersten Blick auch nur die Sprache, die uns zu trennen scheint. Dies trifft häufig selbst bei Menschen zu, die grundsätzlich gleichen Sprachgemeinschaften angehören, wie z.B. bei US-Amerikanerinnen und Britinnen, die zwar beide Englisch sprechen, aber eben nicht das gleiche Englisch, oder auch bei Österreicherinnen, Schweizerinnen und Deutschen. Die Andersartigkeit fällt uns jedoch nicht nur auf, sondern sie wird auch meist sehr rasch zur Kommunikations- und somit zur Interaktionsbarriere, wenn wir die Sprache des anderen nicht oder nur ungenügend beherrschen.

Die Sprache einer Kulturgemeinschaft ist ein sichtbarer Teil der Kultur, die Normen im Hinblick auf ihre Verwendung und ihren Einsatz in den verschiedenen Situationen sind jedoch Teil des Eisberges, der vom Wasser verborgen ist. Eine besondere Schwierigkeit bei der Verwendung von Fremdsprachen durch Menschen, die nicht transkulturell geschult sind, ist die Annahme, dass Wörter und Systeme einander entsprechen und Äquivalente haben. Dies trifft jedoch weder im Bereich der Lexik, noch der Grammatik oder der Syntax zu und auch nicht im Hinblick auf den situationellen Einsatz. Selbst dort, wo es auf den ersten Blick eine Entsprechung gibt, wie z. B. bei dem deutschen Wort „bitte" und dem englischen Wort „please", existieren Normen im Hinblick auf den Einsatz, die die vermeintliche Äquivalenz aufheben. Deshalb sind für das Funktionieren von transkultureller Kommunikation nicht allein die Größe des Wortschatzes in der fremden Sprache oder die Beherrschung der grammatikalischen Regeln ausschlaggebend (beide sollten gerade für Translatorinnen selbstverständlich sein), sondern das Wissen um den *situationsgerechten Einsatz* der Sprache, ihrer Worte und ihrer Regeln. Sprache und Situation sind ganz eng miteinander verbunden. Die Situation bestimmt die Verwendung der Sprache. Wie Sprache eingesetzt wird, ergibt sich aus der Situation und die Situation wiederum kann nur dann richtig eingeschätzt und verstanden werden, wenn Kulturkompetenz vorhanden ist.

Transkulturell zu kommunizieren wurde in den letzten Jahrzehnten logistisch und technisch um vieles einfacher. Die Entwicklungen betreffen sowohl die persönliche Interaktion – Flugzeuge, die mehrmals am Tag in alle Richtungen der Welt fliegen, machen persönliche Treffen ohne langwierige Planung und innerhalb weniger Stunden möglich – als auch die Kommunikation über die diversen Medien – mit einem Tastendruck kann eine E-Mail an unzählige Personen in den verschiedensten Teilen der Welt verschickt werden. Aus diesem Grund hat das Ausmaß an transkultureller Kommunikation stark zugenommen. Die genannten Entwicklungen haben die Kommunikationsgeschwindigkeit jedoch auch erheblich beschleunigt, da Informationen beinahe simultan gesendet und empfangen werden können. Diese Entwicklungen haben sowohl positive Seiten – man kommt rasch an benötigte Informationen, muss nicht wochenlang auf Antworten zu wichtigen Fragen warten etc. – als auch negative – der Druck, rasch Informationen und Antworten zu liefern, ist enorm, oft bleibt nur wenig Zeit für Reflexion. Der Zeitdruck wirkt sich auch auf die Tätigkeit von Kommunikationsexpertinnen aus. Was in der als Folge entstandenen Unmenge an transkulturellen Kommunikationsvorgängen als Kommunikationsbarriere beinahe unverändert blieb und deshalb heute oft größer wirkt als andere Kommunikationsbarrieren, ist die Sprache. Auch wenn die Übertragungsgeschwindigkeit noch so groß und die Übertragungsqualität noch so gut ist – wenn die Botschaft auf sprachlicher Ebene nicht verstanden wird, dann kommt sie bei der Empfängerin nicht an.

2.5 Normalitätserwartungen als Kommunikationsbarriere

Dass Kommunikation auch dann, wenn die Kommunikationspartnerinnen der Sprache der jeweils anderen mächtig sind, fehlschlagen kann, zeigt der folgende Dialog zwischen *Martha* und *Janet*, zwei Amerikanerinnen. *Janet* war soeben in einer Verhandlung mit einem japanischen Geschäftspartner (*Maruoka*). Die beiden Frauen sprechen über den Verlauf bzw. Erfolg der Verhandlung.

Martha: *Wie sind die Gespräche gelaufen?*
Janet: *Nicht so gut.*
Martha: *Was ist passiert?*

Janet: *Nun, ich habe unseren Ausgangspreis vorgeschlagen und Maruoka hat*
            nichts dazu gesagt.
Martha: *Gar nichts?*
Janet: *Er ist nur da gesessen und hat eine ernste Miene gemacht.*
            Deshalb bin ich mit dem Preis nach unten gegangen.
Martha: *Und?*
Janet: *Wieder nichts. Aber er schien etwas überrascht. Deshalb habe ich den*
            Preis nochmals gesenkt und gewartet. Es war unser letztes Angebot,
            ich konnte nicht weiter gehen.
Martha: *Was hat er gesagt?*
Janet: *Nun, zuerst gar nichts. Nach einer Minute oder so hat er angenommen.*
Martha: *Nun, zumindest haben wir einen Deal. Du solltest zufrieden sein.*
Janet: *Ja, du hast schon Recht. Aber nachher habe ich dann herausgefunden,*
            dass er unser erstes Angebot für sehr großzügig hielt.   (Storti: 1994)

Das Gespräch (Originalsprache Englisch) zwischen der Amerikanerin und
dem Japaner ist offensichtlich nicht für beide Seiten erfolgreich verlaufen.
Ohne mit den näheren Umständen bekannt zu sein, können wir erkennen,
dass es darum ging, sich zu einigen und einen „guten" Preis auszuhandeln.
Seitens des amerikanischen Unternehmens wurde ein Angebot, dessen Natur wir nicht näher kennen, unterbreitet und man wollte, dass das japanische
Unternehmen dieses Angebot zu einem höchstmöglichen Preis annimmt.
Das Zustandekommen des Deals war offensichtlich das Ziel der Gespräche,
die Voraussetzung für eine „Win-Win-Situation", eine Situation, bei der beide Seiten das Gefühl haben, einen Erfolg erzielt zu haben, wäre aber das Zustandekommen des Geschäfts gekoppelt mit einem für beide Seiten fairen
Preis gewesen. Für die Amerikaner war die Verhandlung zwar nicht erfolg-
los, da ersteres erreicht wurde, sie sind jedoch mit dem Preis weiter nach unten gegangen als sie wollten oder hofften. Von Seite der Amerikanerin war
die Kommunikation nur mäßig erfolgreich. Das Gefühl des Versagens stellte
sich bei ihr einerseits deshalb ein, weil sich der Kommunikationsablauf selbst
nicht ganz nach ihren Vorstellungen gestaltete – bereits bei den Verhandlungen stellte sich aufgrund des Stillschweigens des Gegenübers Unsicherheit
bei ihr ein – und andererseits, weil sie im Nachhinein erfuhr, dass der Japaner
auch das erste Angebot akzeptiert hätte und sie aus Angst, den Deal zu verlieren, zu rasch den Preis gesenkt hat.

Obwohl die Gesprächspartner sich auf der oberflächlichen Ebene der
Sprache problemlos verständigen konnten, gab es Kommunikationsprobleme, die den Ausgang der Gespräche erheblich beeinflusst haben. Das Haupt-
problem, das hier erkennbar ist, bestand darin, dass die verhandelnde
Amerikanerin den Kommunikationsstil und die Kommunikationsnormen

des japanischen Gesprächspartners nicht verstand. Sie hatte andere Erwartungen hinsichtlich des Gesprächsverlaufs. Ihren Erwartungen nach würde sie ein Angebot unterbreiten. Dieses würde vom Geschäftspartner als zu hoch betrachtet werden und man würde über den Preis diskutieren – verhandeln also. Das Gegenüber würde im Laufe der Verhandlungen wahrscheinlich ein Gegenangebot unterbreiten und einen (zu) niedrigen Preis vorschlagen. Im Endeffekt würde man sich irgendwo in der Mitte treffen. Man hätte das Gefühl, „richtige" Verhandlungen geführt zu haben und trotz der Tatsache, dass man nicht den ursprünglich geforderten Preis bekam, doch ein Erfolgserlebnis, da man sich auch nicht auf das vorgeschlagene Preisniveau des Gegenübers begeben hat. Man hätte sich in der Mitte getroffen. Was die Amerikanerin offensichtlich nicht erwartete, war Schweigen, und genau dieses Schweigen, welches für sie nicht den Erwartungen und Normen ihrer bzw. der amerikanischen „Verhandlungskultur" entsprach, und das sie deshalb falsch interpretierte – nämlich als Ablehnung – bewirkte, dass sie, verunsichert, von ihrem geplanten Vorgehen abwich, und zu rasch Zugeständnisse machte, nur damit das Geschäft nicht platzen würde. Die Kommunikationskonflikte in der beschriebenen Situation lagen also an den unterschiedlichen Kommunikationsnormen und -erwartungen der amerikanischen und der japanische Kultur im Hinblick auf Verhandlungsstil und -ablauf.

Wir haben gewisse Vorstellungen davon, wie eine Kommunikation in einer gewissen Situation, wie z. B. einer Geschäftsverhandlung, ablaufen soll, die in unserer eigenen Kultur verankert und für uns normal und normativ sind. Diese werden „Normalitätserwartungen" (Knapp: 1999) genannt. Wenn unsere Vorstellungen nicht erfüllt werden, dann löst das gewisse Emotionen aus: Peinlichkeit, Belustigung, Befremdung, Ärger, Beleidigung, Angst etc. Im Extremfall wird die Interaktion abgebrochen. Wir verstehen das – unserer Meinung nach unangebrachte oder gar falsche – Verhalten des Gegenübers nicht. Bei der Einschätzung und Bewertung des Verhaltens der Kommunikationspartnerin legen wir jedoch unsere eigenen Maßstäbe an und bedenken nicht, dass das Verhalten der Gesprächspartnerin für diese genauso normal ist, wie unseres für uns. Unsere Einschätzungen und Bewertungen stellen dann die Grundlage für unser weiteres Verhalten im Kommunikationsablauf dar. Mangelndes Verständnis für das Konzept der Normalitätserwartungen, wie das beim transkulturell nicht geschulten oder erfahrenen Menschen der Fall ist, führt leicht zu Missverständnissen.

Kommunikationsexpertinnen müssen sich der Tatsache, dass unterschiedliche Normalitätserwartungen existieren, bewusst sein und die in ihren Arbeitskulturen geltenden Normen für die mündliche und schriftliche

Kommunikation kennen und beherrschen. Sie müssen sich in die Situation der Kommunizierenden hineinversetzen und deren jeweilige Perspektive einnehmen können. Sie müssen Verhalten richtig auslegen können. Translatorinnen müssen erkennen können, wie etwas in der Ausgangssprache gemeint ist und wie sie es in der Zielkultur wiedergeben müssen, damit eine gewünschte Reaktion eintritt. Sie müssen wissen, wie Äußerungen und Botschaften in der Zielkultur ankommen und wie die Mitglieder der Zielkultur darauf reagieren werden.

2.6   Selbstbild, Fremdbilder und Stereotype

Der Begriff Kultur beschreibt die Eigenschaften und Merkmale einer Gruppe. Die Menschen, die dieser Gruppe angehören, ähneln sich in vielen Aspekten ihres Verhaltens und hinsichtlich der Wertvorstellungen, die hinter den Verhaltensweisen stehen. Die Gruppenangehörigen identifizieren sich in hohem Maße mit der Gruppe und bilden im Rahmen dieser ein *Selbstbild* aus. Das Selbstbild bezieht sich also auf die Vorstellungen, die man von sich selbst als Individuum und als Teil der Gruppe hat. Gleichzeitig bedeutet das Selbstbild auch eine Abgrenzung zu allen und allem, was anders ist, anders denkt, fühlt und handelt.

Man besitzt jedoch nicht nur ein Bild von sich selbst, sondern auch ein Bild über andere Menschen und Gruppen, diejenigen, von denen man sich abgrenzt – das *Fremdbild*. Wir haben Fremdbilder in Bezug auf die Menschen, mit denen wir leben und arbeiten, aber auch in Bezug auf andere Kulturgruppen und Länder. In der Familie haben wir Fremdbilder über die anderen Familienmitglieder, in der Arbeit über unsere Kolleginnen. Die Österreicherinnen haben ein Fremdbild über die Deutschen, die Italienerinnen, die Amerikanerinnen etc. Diese Fremdbilder sind das Resultat verschiedenster Informationen, die wir über diese Gruppen oder Menschen aus diesen Gruppen sammeln – das kann eine eigene Erfahrung mit Mitgliedern dieser Gruppe sein, die Schilderung einer Urlaubsepisode durch einen Freund, ein Report im Radio, ein Bild in der Zeitung oder eine Sendung im Fernsehen. Wichtig ist, dass Fremdbilder nicht nur als Folge des direkten Kontakts ausgebildet werden, sondern auch auf Basis von Drittmeinungen. Das selbst Erlebte, Gehörte und Gesehene, aber auch das, was wir von anderen hören, verdichtet sich zu einem Bild, dem Fremdbild. Fremdbild und Selbstbild decken sich meist nur bis zu einem gewissen Grad. Je länger und besser wir jemanden kennen, umso differenzierter wird unser Fremdbild und umso höher wird die Übereinstimmung mit dem Selbstbild dieser Person. Das trifft z. B. im Rahmen der Familie zu.

Werden Fremdbilder generalisiert und ohne Differenzierung auf eine ganze Gruppe übertragen, so spricht man von *Stereotypen*. Stereotype sind also Meinungen und Vorstellungen über Gruppen und die Menschen, die diesen Gruppen angehören: die Deutschen sind pünktlich, die Amerikanerinnen sind oberflächlich, die Schottinnen sind geizig, die Japanerinnen sind höflich. Stereotype können sowohl positive als auch negative Eigenschaften beschreiben, in jedem Fall beschreiben sie jedoch eine Abgrenzung zum Selbst und der eigenen Gruppe und bezeichnen so ein gewisses Anderssein. Sie beziehen sich weniger auf einzelne Menschen als auf ganze Gruppen, werden aber in der Interaktion mit Einzelnen auf diese übertragen. Es gibt wohl kaum jemanden, der frei von stereotypen Meinungen ist. Stereotype können zu Vorurteilen werden. Vorurteile sind stark vereinfacht und undifferenziert, sie sind negativ und basieren auf keiner oder nur einem Minimum an persönlicher Erfahrung. Sie sind nur sehr schwer zu ändern. Vorurteile existieren z. B. über Minderheiten im eigenen Land. Selbst dann, wenn der Kontakt mit einem Mitglied der Gruppe, gegen die Vorurteile gehegt wird, diese Vorurteile nicht belegt, bleiben sie gegenüber der Gruppe allgemein aufrecht. Neben den Selbstbildern und den Fremdbildern mit ihren Ausprägungen Stereotypen und Vorurteile gibt es auch noch *vermutete Fremdbilder*. Vermutete Fremdbilder beschreiben das, was ich glaube, dass die anderen von mir wissen, d. h. meine Annahmen hinsichtlich des Wissens der anderen über mich und meine Gruppe. Vermutete Fremdbilder und Fremdbilder decken sich nur selten bzw. in geringem Maße – das, was die anderen tatsächlich von mir wissen oder glauben zu wissen, ist meist nicht gleich dem, was ich glaube, dass sie von mir wissen.

Fremdbilder, Stereotype und vermutete Fremdbilder beeinflussen unser Kommunikationsverhalten. In besonderem Maße können sie aber auch beeinflussen, wie wir das (Kommunikations-)verhalten des Gegenüber interpretieren und darauf reagieren und so den weiteren Verlauf der Kommunikation in eine oder eine andere Richtung lenken. Eine Kommunikationssituation mit einem Mitglied einer Gruppe, der wir aus welchen Gründen auch immer primär negative Eigenschaften zuschreiben, wird anders verlaufen als eine Interaktion mit einem Mitglied einer Gruppe, der wir sehr positiv gegenüberstehen. Neben dieser unbewussten Beeinflussung der Kommunikation durch Steuerung der Wahrnehmung werden Stereotype gerade im Marketing ganz bewusst herangezogen und benützt. Unternehmen können versuchen, bekannte Meinungen mithilfe der Werbung entweder zu relativieren oder aufzuheben, sie können Stereotype aber auch aufgreifen und zu ihrem eigenen Vorteil darstellen. Als Beispiel dafür kann die „Schwei-

zer Präzision" genannt werden, eine positive aber nichtsdestotrotz stereotype Eigenschaft, die den Bewohnern und Produkten aus der Schweiz
zugeschrieben wird, und die Produkthersteller bewusst aufgreifen. So wirbt
im Internet ein Unternehmen mit folgenden Worten für sein Produkt: „Dieser
extra-lange und besonders stabil gebaute Schuhlöffel verbindet *traditionelle
Schweizer Präzision* mit einzigartigem Design. Nach eigenem Entwurf werden
diese unverbiegbaren Schuhlöffel in Basel gefertigt." (www.schuhloef-
fel.com, Hervorhebung durch die Autorin)

2.7   Lingua franca zur Überwindung von Kommunikationsbarrieren

Die Verwendung des Englischen als *Lingua franca* in vielen Fachbereichen
(Wirtschaft, Technik, Tourismus etc.) aber auch im persönlichen Bereich stellt
eine gewisse Reduzierung der Sprachbarriere dar. Eine Lingua franca ist
eine, mitunter vereinfachte, Version einer Sprache, die von Nicht-Mutter-
sprachlern zur Verständigung verwendet wird. Im Klartext bedeutet das,
dass beim Zusammentreffen einer Japanerin und einer Deutschen, die beide
die Muttersprache der jeweils anderen nicht beherrschen, eine Drittsprache,
der beide zumindest in gewissem Maße mächtig sind, hinzugezogen wird,
um die Interaktion und Kommunikation zu ermöglichen. In der Wirtschaft
hat sich eindeutig Englisch als Lingua franca etabliert, wobei die Gründe für
diese Entwicklung vielfältig sind und hier nicht behandelt werden.

Im Hinblick auf die Verwendung einer Lingua franca – und ganz konkret
des Englischen als solche – und ihre Funktionalität bzw. Effektivität ist es
sinnvoll, in Bezug auf die grenzüberschreitende wirtschaftliche Tätigkeit
zwischen zwei Kommunikationsströmen zu unterscheiden. Der erste Bereich
ist der, in dem Englisch zwischen Unternehmensvertreterinnen und ihren
Geschäftspartnerinnen eingesetzt wird, der zweite Bereich umfasst die Kommunikation zwischen Unternehmen und Kundinnen. Englisch als Lingua
franca zwischen Geschäftspartnerinnen kann sehr wohl funktionieren und
effektiv sein, sofern beide Seiten die Sprache gut sprechen und zusätzlich
über die kulturellen Normen und Verhaltensweisen der anderen Bescheid
wissen. In der Kommunikation mit den Produktabnehmerinnen jedoch, besonders wenn es sich bei diesen um Konsumentinnen und nicht um indu-
strielle Verbraucher handelt, ist es erheblich schwieriger für Unternehmen, ja
teilweise aus gesetzlichen Gründen unmöglich, sich der Lingua franca Englisch zu bedienen, wodurch die Effektivität nicht gegeben ist.

Allgemein lassen sich einige Schwierigkeiten im Hinblick auf die Verwendung einer Lingua franca, und wiederum konkret des Englischen, feststellen, die auf die verschiedensten Kommunikationssituationen zutreffen.

- Das *Fehlen* einer *normierten Version*: Es gibt zum heutigen Zeitpunkt keine normierte Version einer Lingua franca Englisch. Vielfach wird behauptet, die Lingua franca Englisch sei primär vom US-amerikanischen Englisch geprägt. Viele der in der Wirtschafts- und Managementsprache verwendeten Ausdrücke gehen auf amerikanische Wirtschaftspraktiken zurück und wurden teilweise auch in die verschiedenen Sprachen aufgenommen. Nichtsdestotrotz gibt es auch keine allgemein gültige Lingua franca Amerikanisch. Englisch als Lingua franca ist nicht von *einem Ursprungsland* geprägt, sondern von ihren *Verwenderinnen*, und die wiederum sind geprägt von den Kulturen der Personen, von denen sie ihre Sprachkenntnisse erworben haben. Eine österreichische Geschäftsführerin, die ein Jahr lang in den USA gearbeitet hat, wird eine andere Version des Englischen sprechen und schreiben als eine japanische Managerin, die bei einer britischen Englisch-Lehrerin Unterricht genommen hat. Wenn die beiden aufeinander treffen, dann verwenden sie Englisch als Lingua franca, die verwendeten Versionen werden aber unterschiedlich sein.

- *Unterschiedliche Sprachniveaus:* Ein weiteres Problem bei der Lingua franca Kommunikation können die unterschiedlichen Sprachniveaus der Sprecherinnen darstellen. Abgesehen von der Problematik der unterschiedlichen Regionaleinflüsse, die soeben besprochen wurde, ist die Wahrscheinlichkeit, dass die kommunizierenden Personen Englisch nicht „gleich gut" sprechen, sehr hoch. Dadurch kann es zu Missverstehen und Nicht-Verstehen kommen, was, und das stellt ein weiteres Problem dar, möglicherweise nicht zugegeben wird, da es einen Gesichtsverlust bedeuten würde. Ein Extremfall der unterschiedlichen Sprachniveaus tritt dann ein, wenn ein Native Speaker und eine Lingua franca Sprecherin aufeinander treffen. Die deutsche und die japanische Geschäftspartnerin kommunizieren effektiv auf Englisch, eine Schottin kommt hinzu und plötzlich gibt es Verständigungsprobleme, die auf die Aussprache, die Sprechgeschwindigkeit, das verwendete Vokabular, den Einsatz von idiomatischen Ausdrücken etc. zurückzuführen sind.

- Das größte Problem bei der Lingua franca Kommunikation sind jedoch, so wie bei jeder Form der transkulturellen Kommunikation, die in der eigenen Kultur verankerten *Normalitätserwartungen.* Das bedeutet, dass die Kommunikation zwischen Menschen aus unterschiedlichen Kulturen auch bei Verwendung einer Lingua franca nach wie vor transkulturell ist. Die oberflächliche Sprachbarriere wurde zwar beseitigt, im Hinblick auf die Verwendung und den Einsatz der sprachlichen Mittel und das Verhalten in der Kommunikationssituation wird jedoch nach wie vor die eigene Kultur als Bezugsrahmen herangezogen. Die Erwartungen im Hinblick auf den Verlauf der Kommunikation, den Einsatz nonverbaler Mittel wie Schweigen, die Reaktion auf Aussagen etc. sind in der eigenen Kultur verankert und werden als Maßstab angelegt. Besonders bei transkulturell nicht geschulten Menschen ist das Resultat dann im Endeffekt eine Kommunikation, die sich zwar englischer Wörter und grammatikalischer Strukturen bedient, die aber im Hinblick auf den situationellen Einsatz und das kommunikative Verhalten den Regeln der muttersprachlichen und eigenkulturellen Kommunikation folgt. Das in diesem Kapitel angeführte Gespräch zwischen der Amerikanerin und dem Japaner ist dafür ein gutes Beispiel.

Zusammenfassend kann gesagt werden, dass Englisch als Lingua franca ein Hilfsmittel ist, das in verschiedenen Situationen durchaus funktionieren kann und Effektivität aufweist, das jedoch nicht alle transkulturellen Kommunikationsbarrieren aufhebt und das Heranziehen von Kommunikationsexpertinnen, besonders dort, wo es um Kommunikationssituationen geht, bei denen die Qualität der Kommunikation, die Vermeidung von Fehlern und der situationsgerechte Einsatz sehr wichtig sind – bei Verhandlungen, in der Werbung etc. – keinesfalls überflüssig macht.

2.8   Kapitelzusammenfassung

- Kommunikation ist eine intentionale, situationsgebundene Handlung zwischen zwei oder mehreren Personen.

- Sowohl die Handlung als auch die Handelnden sind in ein kulturelles Umfeld eingebettet und kulturell geprägt.

- Kultur kann definiert werden als ein Orientierungssystem für eine Gruppe. Kultur ist wie ein Eisberg – es gibt einen sichtbaren (Kleidung, Musik etc.) und einen unsichtbaren Teil (verhaltenssteuernde Normen, Wertvorstellungen etc.).

- Wenn wir als Bezugsrahmen für Kommunikation die Kultur eines Landes betrachten, dann ist transkulturelle Kommunikation eine Interaktion mit primär verbalen Elementen, die landeskulturelle Grenzen überschreitet, d. h. die Senderin und die Empfängerin der vermittelten Informationen (Botschaft) gehören unterschiedlichen Kulturen an.

- Der Kulturbegriff kann sich auch auf andere Größen – eine Altersgruppe, ein Unternehmen, eine ethnische Gruppierung – beziehen, im Hinblick auf das Marketing ist die Bezugsgröße „Land" jedoch sinnvoll, da Markteroberung primär auf Länder(-gruppen)basis geschieht.

- Kommunikation zwischen Mitgliedern unterschiedlicher Kulturen wurde durch die technischen Errungenschaften der vergangenen Jahrzehnte erheblich erleichtert. Ihr Ausmaß und ihre Geschwindigkeit haben stark zugenommen.

- Wenn Kommunikation kulturelle Grenzen überschreitet, treten kulturbedingte Kommunikationsbarrieren auf. Wichtige Kommunikationsbarrieren sind die Sprache und ihr situationsgerechter Einsatz, die hinsichtlich des Kommunikationsablaufs vorherrschenden Normalitätserwartungen und vorgefasste Meinungen über die fremden Gesprächspartnerinnen.

- Die bewusste Kenntnis dieser Kommunikationsbarrieren und die Fähigkeit, mit ihnen umgehen zu können, unterscheiden Kommunikationsexpertinnen von transkulturell nicht geschulten Menschen.

- Englisch gilt in der internationalen Wirtschaft als Lingua franca, als Mittel zur Überwindung der Sprachbarriere. Die Kommunikation mittels einer Lingua franca ist jedoch nach wie vor transkulturell und birgt daher ähnliche Gefahren wie die gemischtsprachliche. Zudem gibt es keine normierte Version.

2.9 Quellen und weiterführende Literatur

Framson, Elke A. 2007. *Translation in der internationalen Marketingkommunikation. Funktionen und Aufgaben für Translatoren im globalisierten Handel.* Tübingen: Stauffenburg.

Knapp, Karlfried. 1999. „Interkulturelle Kommunikationsfähigkeit als Qualifikationsmerkmal für die Wirtschaft." In: Bolten, Jürgen (Hg.) *Cross-Culture – Interkulturelles Handeln in der Wirtschaft.* Sternenfels: Verl. Wissenschaft und Praxis, S. 9-24.

Knapp, Karlfried & Meierkord, Christiane (eds). 2002. *Lingua Franca Communication.* Frankfurt a. M.: Peter Lang.

Maletzke, Gerhard. 1996. *Interkulturelle Kommunikation. Zur Interaktion zwischen Menschen verschiedener Kulturen.* Opladen: Westdeutscher Verlag.

Schein, Edgar H. 1985. *Organizational Culture and Leadership.* London: Jossey-Bass.

Storti, Craig. 1994. *Cross-Cultural Dialogues.* Boston/London: Intercultural Press. Inc.

Thomas, Alexander & Kinast, Eva-Ulrike & Schroll-Machl, Sylvia. (Hg.). 2005. *Handbuch Interkulturelle Kommunikation und Kooperation. Band 1: Grundlagen und Praxisfelder.* Göttingen: Vandenhoeck & Ruprecht.

www.schuhloeffel.com (besucht 11/2008)

3 Internationalisierung, Globalisierung, Lokalisierung

3.1 Die Internationalisierung von Unternehmen

Da in den folgenden Kapiteln immer wieder vom „Produkt" die Rede sein wird, soll dieser Begriff hier definiert werden. Ein Produkt ist „jedes Objekt, das auf einem Markt zur Beachtung oder Wahl, zum Kauf, zur Benutzung oder zum Verbrauch oder Verzehr angeboten wird und geeignet ist, damit Wünsche oder Bedürfnisse zu befriedigen." (Kotler et al: 2007) Dazu gehören alle gegenständlichen Objekte (z. B. ein Paar Turnschuhe), Personen (z. B. ein Kandidat in einem Wahlkampf), Orte und Räumlichkeiten (z. B. ein Hotelzimmer), Organisationen und Ideen (z. B. *Greenpeace*) und Dienstleistungen (z. B. ein Haarschnitt). Anstelle von „Produkt" wird auch der Begriff „Angebot" verwendet. Produkte werden importiert und exportiert – internationaler Handel findet statt. Internationaler Handel beschreibt jedoch nicht nur den Import und Export von Produkten. Eine weitere Form des internationalen Handels sind Auslandsinvestitionen. Von einer Auslandsinvestition würde man z. B. dann sprechen, wenn ein Unternehmen im Ausland eine Tochtergesellschaft gründet.

Wenn Unternehmen auf ausländischen Märkten tätig werden, spricht man von *Internationalisierung*. (Der Begriff wird in anderen Bereichen mit unterschiedlicher Bedeutung verwendet. So bedeutet Internationalisierung in der Software-Branche die Planung und Entwicklung eines Programms, das sich leicht an alle möglichen Sprachen und Kulturen anpassen lässt.) Die Motive für das Aktivwerden von Unternehmen auf internationalen Märkten sind vielfältig, die Profitsteigerung steht natürlich im Vordergrund. Unternehmen sind z. B. davon überzeugt, dass sie ein kompetitives Produkt haben, das sich auch im Ausland gut verkaufen lässt. Sie wollen ihre Absatzmärkte ausdehnen, wachsen und ihre Gewinne erhöhen. Die Verlagerung von einzelnen Unternehmensbereichen, wie z. B. der Produktion, in Länder mit niedrigerem Lohnniveau kann ebenfalls den Profit steigern. Solche Gründe für die Internationalisierung werden pro-aktiv genannt. Die Internationalisierung kann jedoch auch aufgrund negativer Entwicklungen im Inland wie mangelnder Auslastung oder Überschussproduktion erfolgen oder einfach eine Reaktion auf den Konkurrenzdruck sein. Solche Internationalisierungsmotive werden re-aktiv genannt. In der Realität ist eine Kombination von Motiven die Regel.

Für Unternehmen gibt es verschiedene Möglichkeiten, ihre Geschäftsaktivitäten auf das Ausland auszudehnen. Häufige Formen des Markteintritts sind der *Export* eines im Inland produzierten Produktes, ein *Joint Venture* mit einem Unternehmen im Ausland oder die Errichtung einer *Auslandsniederlassung*. Das Risiko und der Aufwand sind dabei beim Export vergleichsweise gering, im Falle der Errichtung einer Produktionsstätte im Ausland sind Aufwand und Risiko sehr hoch. Aus diesem Grund ist der Export eines im Inland produzierten Produktes für viele Unternehmen auch der Einstieg in den internationalen Handel.

Egal welche Form des internationalen Markteintritts gewählt wird, die internationale Tätigkeit führt immer zu Interaktionen zwischen Menschen unterschiedlicher Kulturen und somit zu transkultureller Kommunikation. Grenzüberschreitende wirtschaftliche Tätigkeit ist ohne transkulturelle Kommunikation kaum möglich, da die Kunden, Geschäftspartner etc., mit denen das Unternehmen interagieren muss, um Beziehungen aufzubauen, in fremden Kulturen leben. Internationaler Handel

- bedingt transkulturelle Interaktion,
- ist ohne transkulturelle Kommunikation nicht möglich und
- ist somit nicht nur ein ökonomischer Prozess, sondern auch ein transkulturelles Ereignis.

In diesem Buch geht es darum, den internationalen Handel und die Internationalisierung von Unternehmen aus diesem Blickwinkel zu betrachten. Die Geschäftstätigkeit von Unternehmen auf ausländischen Märkten ist eine grenzüberschreitende – transkulturelle – Tätigkeit, die nur über Kommunikation funktionieren kann. Bei der Interaktion und Kommunikation mit den ausländischen Kunden und Partnern treten jedoch Barrieren auf, die die Interaktion erschweren können. Dadurch entsteht ein Bedarf an Kommunikationsexperten, mit deren Hilfe diese Barrieren überwunden und die erfolgreiche Abwicklung der internationalen Geschäfte ermöglicht werden können.

3.2. Internationalisierung und Globalisierung

Die Begriffe Internationalisierung und Globalisierung werden häufig im gleichen Kontext oder auch synonym verwendet. Globalisierung geht jedoch weit über das Wirtschaftliche hinaus. Die wirtschaftliche Dimension der Globalisierung ist ein wichtiger Teil eines großen und komplexen Phänomens, das auch andere Bereiche betrifft.

Der deutsche Soziologe Ulrich Beck bezeichnet Globalisierung sehr allgemein als Prozess, der transnationale soziale Bindungen und Räume schafft. Ein zentraler Aspekt der Globalisierung ist demnach die Transnationalität, d. h. das Überschreiten von Grenzen bzw. die Schaffung von Räumen, in denen nationalstaatliche Grenzen keine oder eine nur untergeordnete Rolle spielen. Das Leben und Handeln der Aktanten findet über nationalstaatliche Grenzen hinweg statt, das führt zu wechselseitigen Abhängigkeiten. Dadurch entsteht eine neue Weltgesellschaft in dem Sinne, dass die Vorstellung geschlossener Räume fiktiv wird. Als Folge des Überschreitens nationalstaatlicher Grenzen in den verschiedensten Lebensbereichen kommt es zum Aufeinanderprallen von unterschiedlichen und teilweise auch sehr gegensätzlichen wirtschaftlichen, politischen und kulturellen Systemen.

Um ein besseres Verständnis des doch sehr breit gefassten Begriffs der Globalisierung zu bekommen, und vor allem, um diesen besser erklären und beschreiben zu können, ist es sinnvoll, verschiedene Dimensionen der Globalisierung, also Teilbereiche, zu betrachten, wie z. B. die technologische Dimension, die politische Dimension oder die kulturelle Dimension. Dabei darf jedoch nicht vergessen werden, dass diese Dimensionen primär der leichteren Beschreibung und dem besseren Verständnis dienen und keinesfalls als eigenständige Entwicklungen betrachtet werden können. Zwischen den einzelnen Teilprozessen bestehen Wechselwirkungen und sie bedingen einander, wie wir in der Folge am Beispiel der wirtschaftlichen und der kulturellen Globalisierung sehen werden.

3.3 Die wirtschaftliche Globalisierung

Unter betriebswirtschaftlichen Aspekten betrachtet ist Globalisierung ein Sammelbegriff für die globale Ausweitung sämtlicher Unternehmensaktivitäten. Internationalisierung und Globalisierung sind in diesem Kontext in hohem Maße deckungsgleich, bzw. Globalisierung könnte auch als Steigerung der Internationalisierung bezeichnet werden. Kriterien für die Verlagerung von Unternehmensbereichen, wie z. B. der Produktion oder der Buchhaltung, in fremde Länder sind unterschiedlicher Natur. Im Allgemeinen wird nach einem geeigneten Standort gesucht, wobei die Auswahl sehr oft primär von finanziellen Überlegungen gelenkt wird. Aber auch andere Aspekte spielen eine Rolle, wie z. B. die lokale Spezialisierung und das damit verbundene Vorhandensein von Experten für einen gewissen Bereich.

Produkte sind als Folge dieser Entwicklung nur mehr schwer einem Land zuzuordnen, da ihre Teile in unterschiedlichen Ländern hergestellt und zusammengebaut werden. Volkswirtschaftlich betrachtet entstehen dadurch eine Vernetzung der Wirtschaften unterschiedlicher Länder und hohe wechselseitige Abhängigkeiten. Krisen in einem Land, bleiben auch in anderen Ländern nicht unbemerkt, wie sich an der aktuellen Finanzkrise (Oktober 2008) zeigt. Die Träger der wirtschaftlichen Globalisierung sind die internationalen (multinationalen oder transnationalen – eine Differenzierung wird hier aufgrund der Fachspezifik einerseits und der mangelnden Übereinstimmung der Definitionen in der Fachliteratur andererseits nicht vorgenommen) Unternehmen, die ihre Produkte nicht nur global anbieten, sondern deren gesamte Unternehmensstruktur global organisiert ist.

Ein Merkmal der globalisierten Wirtschaft ist, dass Produkte global erzeugt und vermarktet werden. Das bedeutet einerseits, dass Menschen aus unterschiedlichen Kulturen an der Herstellung ein und desselben Produktes arbeiten und dazu miteinander kooperieren und kommunizieren müssen. Ein bereits erwähnter Anstieg an interkulturellen Kontakten ist die Folge.

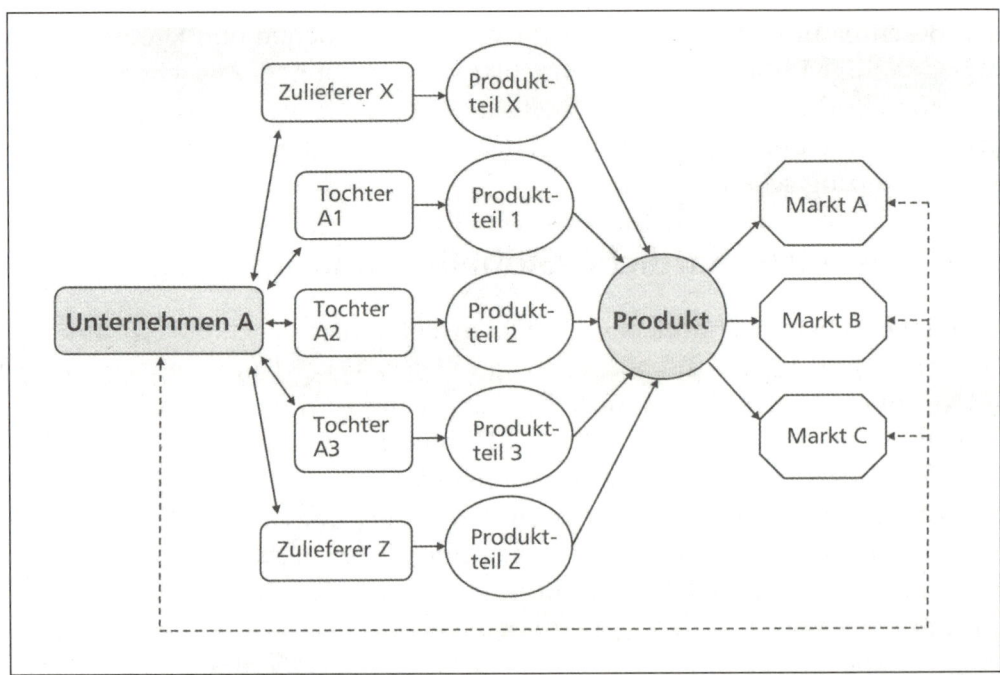

Abbildung 3: Globalisierte Produktion

Abbildung 3 stellt die Situation stark vereinfacht anhand eines standardisierten Produktes dar. In der Realität kann die Komplexität natürlich viel größer sein, besonders dann, wenn Lokalisierungsmaßnahmen bei der Produktion und/oder Vermarktung gesetzt werden, weil dann nicht mehr nur ein Produkt erzeugt wird, sondern viele Produktvarianten und weil die Maßnahmen, die gesetzt werden, um die Produkte an den Kunden zu bringen, ebenfalls von Markt zu Markt variieren. (Die Begriffe *Lokalisierung* und *Standardisierung* werden in den folgenden Kapiteln noch genauer erläutert.)

Die globale Vermarktung von Produkten bedeutet auch, dass Menschen aus den unterschiedlichsten Kulturen die gleichen Produkte sehen (im Fernsehen, im Internet, in Zeitschriften etc.), wünschen, besitzen und benützen. Genau das wird ja von den internationalen und globalen Produktanbietern gefördert. Die Teile eines deutschen Autos z. B. kommen nicht alle aus Deutschland, sondern aus verschiedenen Teilen der Welt. Das Produkt selbst ist global. Das Fahrzeug wird weltweit beworben und weltweit von Kunden erworben. Weltweit fahren Menschen mit dem gleichen „deutschen" Auto, dessen Teile weltweit erzeugt werden. Ein weiteres Beispiel verdeutlicht diese Situation.

> Ein großes Unternehmen der Sportartikelbranche mit Sitz in Seattle, USA, lässt seine Sportschuhe überwiegend in eigenen Unternehmen in China, Indonesien und zunehmend auch Ungarn produzieren. Die Maschinen, auf denen die Schuhe hergestellt werden, stammen vorwiegend aus Deutschland und Japan. Das gesamte Rechnungswesen wird in Indien abgewickelt und per Standleitung in die amerikanischen Computer übernommen. Die letzte weltweite Werbekampagne wurde von drei Firmen aus Südafrika, Argentinien und Hongkong entwickelt und schließlich in Portugal produziert. (Koch: 1997)

Die wirtschaftliche Globalisierung zeigt sich nicht nur daran, dass mehr Produkte importiert und exportiert werden, sondern an der Zunahme internationaler Produktions-, Arbeits- und Finanzbeziehungen, die allesamt wiederum transkulturelle Interaktionen zur Folge haben.

3.4. Der Motor der Globalisierung

Damit die wirtschaftliche Globalisierung die heutigen Ausmaße erreichen konnte, mussten gewisse Voraussetzungen gegeben sein bzw. geschaffen werden. Einerseits kam es allgemein zu einem Abbau von Handelsbarrieren, ein Beispiel dafür ist ja auch die EU und ihre Entwicklung, andererseits waren vor allem die Entwicklungen in den Bereichen *Transport* und *Telekommunikation* die treibende Kraft hinter der Globalisierung. Distanzen, die vor 100 Jahren mit dem Schiff überwunden werden mussten, können heute mit dem Flugzeug viel rascher bewältigt werden. Informationen, die noch vor wenigen Jahren in Briefform per Post geschickt wurden, werden heute per E-Mail in Sekundenschnelle weitergeleitet. Produkte, die vor noch nicht allzu langer Zeit nur in sehr kleinem Rahmen vermarktet werden konnten, werden heute dank Satellitenübertragung und Internet global beworben. Dort, wo man nur kleine Abnehmergruppen erreichen konnte, kann man heute Millionen erreichen. Persönliche Geschäftstreffen, die langwierig geplant und vorbereitet werden mussten, können heute am Morgen vereinbart werden und am Abend stattfinden, selbst dann, wenn die Gesprächspartner sich in unterschiedlichen Ländern befinden.

Die Welt ist für diejenigen, die global aktiv sein wollen, um vieles kleiner geworden. Dass die Globalisierung jedoch kein barrierefreier Prozess ist, zeigt sich an den jüngsten Entwicklungen im Bereich Transport(kosten). Obwohl es logistisch leicht möglich ist, dass Produkte hohe Distanzen überwinden, so zeigen die steigenden Ölpreise und die Verknappung der Ressource Auswirkungen. Einerseits schlagen sie sich in den Preisen nieder, die die Konsumenten für Produkte bezahlen müssen, und andererseits führen das Bewusstsein um die Verknappung, aber auch das gesteigerte Umweltbewusstsein in vielen Teilen der Bevölkerung, zu einem Umdenken im Hinblick auf Produkte, die lange Transportwege hinter sich haben. Daran zeigt sich, dass die ablaufenden Prozesse keineswegs stetig, die Zustände nicht statisch und die Abhängigkeiten enorm groß sind.

Wie bereits im Zuge der Internationalisierung angesprochen wurde, ist eine natürliche Folge der wirtschaftlichen Globalisierung ein Anstieg an Interaktionen zwischen Menschen aus unterschiedlichen Kulturen. Dort, wo Grenzen fallen und Arbeitsbereiche auf andere Kulturen ausgedehnt werden, treffen unterschiedliche Menschen und Systeme aufeinander. Da nicht alle die gleichen Kommunikationswerkzeuge haben und einsetzen, entsteht Translationsbedarf. Somit sind auch Kommunikationsexperten durch ihre Tätigkeit der Kommunikationsermöglichung und -erleichterung ein wichtiges Element im Prozess der Globalisierung.

3.5 Die kulturelle Globalisierung

Die wirtschaftliche und die kulturelle Dimension der Globalisierung stehen zueinander in intensiver Wechselwirkung. Produkte sind Kulturgüter. Sie sind Teil der sichtbaren Spitze des Eisbergs. Als solche sind sie, auch im Fall von globaler Produktion, mehr oder weniger stark geprägt von einer Herkunftskultur. Obwohl die Bezeichnung „Made in …" nur noch selten in dem Sinne verwendet werden kann, dass ein Produkt zur Gänze in einem Land hergestellt wurde, haben viele Produkte eine kulturelle Identität.

Im Zuge des internationalen Warenaustauschs werden Kulturgüter exportiert und wieder in andere Kulturen eingegliedert. Ihr Platz und Stellenwert in der „neuen" Kultur und die Beziehungen, die die Mitglieder dieser Kultur zu ihnen aufbauen, sind aber nicht unbedingt identisch mit ihrem Platz in der Herkunftskultur. Sie können auch eine neue oder abgeänderte Identität entwickeln. Dazu ein Beispiel:

> Die Baseball-Kappe ist der amerikanischen Kultur zuzuordnen. Laut dem Online-Lexikon *Wikipedia* hat sie ihren Ursprung im New York des 19. Jahrhunderts und wurde ursprünglich nur von Baseball-Spielern getragen. Erst später wurde sie von der Modeindustrie aufgegriffen und nicht mehr nur mit Baseball-Teams in Verbindung gebracht. Trotz der Tatsache, dass die Baseball-Kappe auch in den USA Einzug in die Modeindustrie fand, ist sie dort immer noch ein wichtiges Mittel, um seine Unterstützung für ein bestimmtes Baseball-Team zum Ausdruck zu bringen. Baseball ist ein wichtiger Teil der amerikanischen Kultur, viele Menschen haben ein Lieblingsteam und verfolgen die Spiele im Stadion und im Fernsehen, es liefert Gesprächsstoff zwischen Freunden und Bekannten, und es ist auch eine Sportart, die von vielen in der Freizeit ausgeübt wird. Baseball ist Teil der kulturellen Identität Amerikas. Baseball und die Baseball-Kappe sind in den USA untrennbar miteinander verbunden. Die amerikanische Zeitung *USA Today* schrieb 2006 zum 140-jährigen Jubiläum der Baseball-Kappe: „If the USA has a national hat, it surely is the baseball cap."
>
> Vor 15 Jahren noch trug in Österreich kaum jemand eine Baseball-Kappe. Mittlerweile wird die Baseball-Kappe bei uns nicht mehr nur von der jüngeren Generation getragen, sondern sie ist eine Kopfbedeckung, die sich breiter Beliebtheit erfreut. Die Baseball-Kappe mit dem *New York Yankees* Symbol, um ein konkretes Beispiel anzuführen, ein US-amerikanisches Kulturgut, wird nicht nur in Österreich, sondern weltweit getragen (auch wenn es sich dabei nicht immer um eine lizenzierte Version handelt). Dennoch ist der kulturelle Hintergrund ein anderer, denn kaum jemand trägt hier eine solche Kopfbedeckung, um seine Unterstützung für dieses oder ein anders Baseball-Team auszudrücken – selbst dann nicht, wenn sich ein entsprechendes Symbol darauf befindet. Baseball hat in Österreich keinen kulturellen Stellenwert. Aus österreichischer Sicht liegt eindeutig ein Import eines Kulturgutes vor, und es ist nicht abzustreiten, dass die Baseball-Kappe eine Eingliederung in die österreichische Kultur erfahren hat.

> Das Kulturgut wurde importiert, die Beweggründe für das Tragen sind jedoch in den meisten Fällen anders gelagert als im Ursprungsland, die historische Verankerung, die ja mit der kulturellen ganz eng zusammenhängt, ist nicht gegeben, die Kappe hat einen anderen kulturellen Stellenwert und Platz.

Die Liste der „Kulturimporte" (wir behalten hier den Betrachtungswinkel des Österreichers bei) ließe sich endlos fortsetzen – Rap, Sushi, *Nintendo*, fremdsprachige Literatur etc. Verlieren wir dadurch unsere kulturelle Identität? Kommt es dadurch zur kulturellen Homogenisierung? Werden wir es bald mit einer homogenen Weltkultur ohne Differenzen zu tun haben? Das sind durchaus berechtigte Fragen, auf die im Anschluss kurz eingegangen wird. Eine ausführliche und umfassende Diskussion dieses Themas würde jedoch den Rahmen des vorliegenden Manuals sprengen.

3.6   Kulturelle Homogenisierung

Wenn wir die vergangenen und aktuellen Entwicklungen betrachten, so kann eindeutig festgestellt werden, dass es zu einer Vermischung von Kulturgütern gekommen ist bzw. kommt. Die Spitzen der „Kultureisberge" ähneln sich heute auf den ersten Blick – Kleidung, Essen, Unterhaltung etc. – oft sehr. In manchen Bereichen trifft das in ganz besonderem Ausmaß zu, wie z. B. bei der Jugendkultur. Jugendliche in vielen Ländern der Welt kleiden sich sehr ähnlich, hören die gleiche Musik, sehen die gleichen Filme und schwärmen für die gleichen Stars. Eine Vermischung von Kulturgütern bedeutet jedoch nicht automatisch, dass es auch zu einer Angleichung der Werte und Normen, die unser Denken und Handeln steuern, also des unsichtbaren Teils des Eisbergs, kommt. Das Beispiel der Baseball-Kappe zeigt das ganz deutlich. Das Orientierungssystem als Gesamtes ändert sich nicht grundsätzlich durch den Import von Musik, Essen oder Kleidung. Wenn ich als Österreicher eine Baseball-Kappe aufsetze – habe ich dann die gleichen Wertvorstellungen wie ein Amerikaner? Trage ich sie überhaupt aus den gleichen Gründen wie ein Amerikaner? Wenn ich als Österreicherin Sushi liebe und zweimal in der Woche in ein Sushi Restaurant gehe – denke und fühle ich dann wie eine Japanerin?

Kulturen sind keineswegs statische Gebilde. Die sichtbaren Elemente ändern sich, und zwar teilweise sehr rasch, aber auch die Normen und Wertvorstellungen einer Gesellschaft bleiben nicht gleich. Änderungen in diesem Bereich sind jedoch wesentlich langsamer und schwerfälliger. Dass eine Konvergenz von Konsumentenwünschen zu beobachten ist – besonders im Konsumgüterbereich – ist wohl unbestritten und wird durch die globale Bewerbung und Verfügbarkeit von Waren gefördert, an der auch Kommunikationsexperten beteiligt sind. Auch auf informatorischer Ebene gibt es ein gewisses Maß an globaler Einheitlichkeit – man denke nur an den Nachrichtensender *CNN*, der aus allen Teilen der Welt berichtet, der aber gleichzeitig auch zur Vereinheitlichung der weltweiten Berichterstattung beiträgt.

Im Sinne der Verfügbarkeit von Gütern und Informationen kann von einer Weltkultur gesprochen werden, und die universelle Verfügbarkeit führt in logischer Folge zu einer universellen Präsenz und zu einer *oberflächlichen* Homogenisierung. Den Austausch von Waren und die globale Verbreitung von einheitlichen Gütern einer Aufhebung jeglicher kultureller Unterschiede gleichzusetzen, würde jedoch eine Reduzierung des Kulturbegriffs auf eben diesen sichtbaren Teil des Eisbergs bedeuten und somit eine Trivialisierung der ablaufenden Prozesse. Kultur ist mehr als das, was wir konsumieren. Von kultureller Homogenisierung zu sprechen, spiegelt, zumindest zum heutigen Zeitpunkt, nicht die Realität wieder.

3.7 Globalisierung und Lokalisierung

Die auf den ersten Blick gegensätzlichen Begriffe Globalisierung und Lokalisierung schließen einander, wie man meinen könnte, nicht aus. Lokalisierung bedeutet die Anpassung eines Produktes oder Produktteils und der mit dem Produkt einhergehenden Marketingmaßnahmen an fremde Märkte und Kulturen, damit es in diese Märkte integriert werden kann. Diese Aufnahme und Eingliederung in die lokalen Märkte ist für Produktanbieter und ihre Produkte ein wichtiger Schritt im Internationalisierungsprozess. Der Erfolg von internationalen Unternehmungen kann nur dann eintreten, wenn die entsprechende Akzeptanz auf den ausländischen Märkten erreicht wird und wenn die Produkte dort einen Platz finden.

Die *Coca-Cola Company* kann sicherlich als das globale Unternehmen schlechthin bezeichnet werden, wenn nicht sogar als Inbegriff für Globalisierung. Aber selbst ein globales Unternehmen wie *Coca-Cola* kommt nicht umhin, Lokalisierungsschritte zu tätigen. So müssen z. B., um den gesetzlichen Vorgaben zu entsprechen, auf den Verpackungen (Dosen, Flaschen) die Inhaltsstoffe der Getränke in den jeweiligen Landessprachen angegeben werden. Auch Maßnahmen im Promotions-Bereich, wie etwa Gewinnspiele, sind aus verschiedenen Gründen nur lokal realisierbar. Die zuckerfreie Version des Produktes ist sogar mit unterschiedlichen Namen auf dem Markt. Das Getränk, das bei uns *Coca-Cola Light* heißt, heißt in den USA *Diet Coke.* Auch die unterschiedlichen Maßsysteme und Konsumgewohnheiten müssen in Betracht gezogen werden. Abgesehen davon, dass das Produkt – wenn man die Produkt-Herkunftskultur USA und Österreich als Abnehmerland vergleicht – in unterschiedlichen Flaschengrößen verkauft wird, so wird es auch unterschiedlich genossen und muss entsprechend in den Geschäften angeboten werden. Manche Produkte des Unternehmens, wie z. B. *Fanta*, haben sogar unterschiedliche Inhaltsstoffe, die die lokalen Geschmacksdifferenzen widerspiegeln. *Fanta* in Griechenland schmeckt anders als *Fanta* in Österreich. Diese Liste von Beispielen für Lokalisierungsmaßnahmen ließe sich selbst bei einem Unternehmen wie *Coca-Cola* mit auf den ersten Blick standardisierten Produkten noch fortsetzen. Was sie zeigt, ist die Tatsache, dass Unternehmen Maßnahmen setzen müssen, um eine erfolgreiche Aufnahme auf den ausländischen Märkten möglich zu machen.

Globalisierung ist somit ein Prozess, der in einem ersten Schritt *De-Lokalisierung* bedeutet, in dem Sinne, dass ein Produkt aus einer Herkunftskultur herausgehoben wird, der aber *Re-Lokalisierung* voraussetzt. Das bedeutet, dass Produkte in den neuen Kulturen wieder einen Platz finden müssen, um erfolgreich eingegliedert werden zu können, auch wenn dieser Platz nicht identisch ist mit dem Platz, den das Produkt in der Ausgangskultur einnahm (siehe Beispiel *Baseball-Kappe*). Nicht nur die Produkte müssen ihren Platz finden, auch Unternehmen als soziale Gebilde müssen lokale Bindungen aufbauen. Das Globale und das Lokale schließen einander nicht aus, sondern bedingen sich.

- Globalisierung braucht Lokalisierung.
- Lokalisierung braucht Kommunikationsexperten.
- Kommunikationsexperten führen Lokalisierungsaufgaben aus.
- Lokalisierung führt wieder zu Globalisierung.

3.8   Pro oder contra Globalisierung?

Globalisierung ruft oft und in letzter Zeit immer häufiger heftige Gefühle hervor. Auf der einen Seite stehen die Globalisierungsbefürworter, die überzeugt sind, dass diese Entwicklung letztendlich allen mehr Wohlstand bringen wird. Dies wird unter anderem damit begründet, dass die Globalisierung es Ländern erlaubt, sich in Bereichen zu spezialisieren und sich auf Stärken zu konzentrieren. Ein weiteres Argument der Globalisierungsbefürworter ist, dass im Zuge der Globalisierung neue Technologien und, gemessen am lokalen Lohnniveau, relativ gut bezahlte Jobs in arme Länder kommen. Auf der anderen Seite stehen die Globalisierungsgegner, die die negativen Effekte und Nebenerscheinungen hervorheben, wie z.B. die schlechten Arbeitsbedingungen in Fabriken internationaler Produkthersteller, Kinderarbeit, die negativen Folgen für die Umwelt und auch den Verlust von Arbeitsplätzen in den industrialisierten Ländern. Ihrer Meinung nach führt die wirtschaftliche Globalisierung zu einer Bereicherung weniger und einer Verarmung vieler.

Die Verknüpfung von Internationalisierung, Globalisierung, Lokalisierung und Translation kann nicht bestritten werden. Wie in diesem Kapitel mehrmals betont wurde und in den folgenden Kapiteln noch deutlicher wird, nehmen Kommunikationsexperten einen wichtigen Platz im Gefüge grenzüberschreitender wirtschaftlicher Tätigkeit ein. Ein Dolmetscher, der eine Verhandlung zwischen zwei Geschäftsleuten dolmetscht, ein Übersetzer, der eine Produktbroschüre übersetzt, ein Texter, der für ein neues Produkt einen Werbetext verfasst, ein Software-Lokalisierer, der für den Exportmarkt Software-Befehle schreibt, ein Technical Writer, der für die Techniker im Absatzmarkt Wartungshandbücher schreibt – sie alle ermöglichen mit diesen Aktivitäten die Internationalisierung von Unternehmen und sind so auch am Prozess der Globalisierung beteiligt. Ja, auch die Übersetzung eines Romans ist letztendlich ein Beitrag zur Globalisierung.

Die Ausdehnung von Arbeits- und Absatzmärkten führt zu einer Flut an Texten in verschiedenster Form, angefangen von Verträgen über Werbematerialien bis hin zu gesprochenen Botschaften, die die Bearbeitung oder Adaptierung durch Kommunikationsexperten benötigen, und schafft so Aufträge und Arbeitsplätze. Da nicht alle Unternehmen nachhaltig und sozial verträglich arbeiten, können für Kommunikationsexperten auch Konfliktsituationen entstehen und sich Fragen hinsichtlich der ethischen Vertretbarkeit aufdrängen. Welche Aufträge vertretbar sind kann nur von jedem einzelnen entschieden werden, das Bewusstsein, dass man als Experte, der es Unternehmen und Unternehmensvertretern ermöglicht, mit Partnern und Kunden auf fremden Märkten zu kommunizieren, mit den ablaufenden Entwicklungen eng verflochten ist, sollte aber auf jeden Fall vorhanden sein.

3.9 Kapitelzusammenfassung

- Wenn Unternehmen auf ausländischen Märkten tätig werden, dann spricht man von Internationalisierung.
- Globalisierung kann allgemein als das Überschreiten von nationalstaatlichen Grenzen bezeichnet werden, das die Schaffung von Räumen, in denen Grenzen eine nur untergeordnete Rolle spielen, zur Folge hat.

- Globalisierung hat viele Dimensionen, z. B. die wirtschaftliche, die politische oder die kulturelle Dimension. Diese sind eng miteinander verflochten.

- Die wirtschaftliche Globalisierung bedeutet eine Ausweitung sämtlicher Unternehmensaktivitäten auf ausländische Märkte, sozusagen die Steigerung der Internationalisierung. Sie bedeutet auch die globale Vernetzung der Wirtschaften unterschiedlicher Länder.

- Als Folge der Globalisierung kommt es zum Austausch von Kulturgütern und zur Vermischung sichtbarer Kulturelemente.

- Im Hinblick auf die zunehmend globale Erhältlichkeit von Gütern und Informationen kann von einer entstehenden Weltkultur gesprochen werden.

- Die Vermischung von Kulturgütern einer Homogenisierung von Kultur gleichzusetzen wäre zu trivial, da Kultur mehr ist als die sichtbaren Elemente.

- Globale Produkte verlangen nach einer Integrierung in die lokalen Kulturen. Unternehmen müssen auf den Märkten lokale Bindungen aufbauen. Globalisierung funktioniert nur über Lokalisierung.

- Lokalisierung braucht Kommunikationsexperten und schafft für diese Arbeit. Lokalisierung ist ohne Kommunikationsexperten nicht möglich.

- Aufgrund negativer Entwicklungen, die mit der Internationalisierung von Unternehmen und der Globalisierung der Wirtschaft in Verbindung stehen, können für Kommunikationsexperten auch ethische Konflikte im Hinblick auf die Auftragsannahme entstehen.

3.10 Quellen und weiterführende Literatur

Apfelthaler, Gerhard. 1999. *Internationale Markteintrittsstrategien: Unternehmen auf Weltmärkten.* Wien: Manz-Verl. Schulbuch.

Beck, Ulrich. 1997. *Was ist Globalisierung?* Frankfurt am Main: Suhrkamp.

Framson, Elke A. 2007. *Translation in der internationalen Marketingkommunikation. Funktionen und Aufgaben für Translatoren im globalisierten Handel.* Tübingen: Stauffenburg.

Koch, Eckart. 1997. *Internationale Wirtschaftsbeziehungen. Band 1: Internationaler Handel. Chancen und Risiken der Globalisierung.* München: Verlag Franz Vahlen.

Robertson, Robert. 1992. *Globalization: Social Theory and Global Culture.* London: Sage.

Thomas, Alexander & Kinast, Eva-Ulrike & Schroll-Machl, Sylvia (Hg.). 2005. *Handbuch Interkulturelle Kommunikation und Kooperation. Band 1: Grundlagen und Praxisfelder.* Göttingen: Vandenhoeck & Ruprecht.

Tomlinson, John. 1999. *Globalization and Culture.* Chicago: The University of Chicago Press.

www.usatoday.com (besucht 09/2008)

http://en.wikipedia.org/wiki/Baseball_cap (besucht 09/2008)

4 Internationales Marketing

4.1 Marketing zur Bedürfnisbefriedigung

Der Begriff Marketing wird häufig mit Werbung und Verkaufen gleichgesetzt, er umfasst jedoch ein viel breiteres Spektrum an Konzepten und Aktivitäten. Kotler et al. (2007) bezeichnen Marketing als ein „Konzept zur Befriedigung von Käuferwünschen". Das Konzept, das dem Marketing zugrunde liegt, ist demnach das Konzept der menschlichen Bedürfnisse. Ein Bedürfnis ist dabei definiert als ein empfundener Mangel, der von dem Wunsch begleitet ist, ihn zu beseitigen. Jeder Mensch hat Bedürfnisse, nicht alle unsere Bedürfnisse sind jedoch überlebensnotwendig. Der empfundene Mangel an Nahrung muss gestillt werden, damit man überleben kann. Der empfundene Mangel an einem TV-Gerät ist nicht überlebensnotwendig, auch wenn er als starker Mangel empfunden wird. Abgesehen von den Grundbedürfnissen hängt das, was als Mangel empfunden wird, in hohem Maße von den Prioritäten der einzelnen Menschen ab, vom Umfeld allgemein und auch von dem Maße, in dem „Bedürfnis-Manipulation" stattfindet und wirkungsvoll ist, denn wenn man täglich in der Werbung sieht und hört, dass ein gewisses Produkt glücklich macht, dann wird man den Nicht-Besitz dieses Produktes eher als Mangel empfinden, als wenn man dieser Form der Manipulation nicht ausgesetzt ist.

Wenn ein Bedürfnis nicht befriedigt ist, gibt es zwei Möglichkeiten: man kann Schritte setzen, um das Bedürfnis zu befriedigen, oder man kann es reduzieren, was, wie bereits erwähnt, bei Grundbedürfnissen wie dem nach Nahrung oder Wärme jedoch sehr schwierig bis unmöglich ist. In der westlichen Gesellschaft herrscht das Konzept der Bedürfnisbefriedigung vor. Es ist im Sinne von Produktanbietern, dass Menschen ihre Bedürfnisse nicht reduzieren, sondern sie befriedigen. Dabei ist es natürlich auch Aufgabe des Marketings, Bedürfnisse zu erzeugen.

Die Befriedigung von Bedürfnissen geschieht in der heutigen Gesellschaft im Großen und Ganzen durch Austausch. Ein gewünschtes Objekt von gewissem Wert – von dem man sich eine Bedürfnisbefriedigung erwartet und erhofft – wird erworben, und dafür wird etwas von entsprechendem Wert – meist Geld – gegeben. (Eine Diskussion darüber, was denn nun den Wert eines Objekts ausmacht und bestimmt, würde den Rahmen dieses Buches sprengen.) Die beschriebene Form des Austauschs (Objekt oder auch

Leistung gegen Geld) ist natürlich nicht die einzige – es könnte ja auch ein Objekt gegen ein anderes Objekt getauscht werden – aber in unserer Gesellschaft die gängigste. Kommt es zu einem derartigen Austausch, so nennt man das eine *Transaktion*. Transaktionen dienen der Bedürfnisbefriedigung. Wenn die Prozesse des Marketings und die Transaktionen grenzüberschreitend stattfinden und grenzüberschreitenden Bezug haben, dann spricht man von internationalem Marketing.

Marketing kann grundsätzlich in Beschaffungs- und Absatzmarketing unterteilt werden. Beschaffungsmarketing wird z. B. von Unternehmen betrieben, wenn sie Rohstoffe für ihre Produkte auswählen, oder auch von den potentiellen Käuferinnen eines Produktes, wenn sie sich über das Produkt Informationen einholen und verschiedene Produkte vergleichen. Sehr oft bezieht sich der Marketingbegriff jedoch auf das Absatzmarketing und auf die Bemühungen seitens der Unternehmen, ihre Produkte und Dienstleistungen erfolgreich auf den Markt und an die Käuferinnen zu bringen. Diese Orientierung steht auch hier im Mittelpunkt. Wenn wir hier von Marketing sprechen, meinen wir *Absatzmarketing*.

4.2   Der Markt und seine Erforschung

Generell wird die Gesamtheit von Anbietern und Nachfragern, die für eine bestimmte Produktklasse Transaktionen vornehmen wollen, als „Markt" bezeichnet. Der Automobilmarkt umfasst demnach alle, die Automobile herstellen und zum Kauf anbieten und alle, die als Käuferinnen oder potentielle Käuferinnen gelten. Im Marketing hat der Begriff Markt jedoch eine enger gefasste Bedeutung. Von den Produktanbietern werden die Kaufinteressentinnen und (potentiellen) Käuferinnen als Markt bezeichnet, also all diejenigen, die ein spezielles Bedürfnis haben, das vom Unternehmen mithilfe ihres Produkts befriedigt werden kann. Für die Automobilhersteller bilden demnach alle potentiellen und tatsächlichen Käuferinnen von Autos den Markt oder Absatzmarkt. In diesem Buch wird der Begriff Markt in eben diesem Sinne, nämlich zur Bezeichnung der (potentiellen) Käuferinnen, verwendet. (Im Folgenden werden die Begriffe „(potentielle) Käufer und Käuferinnen" und „(potentielle) Kunden und Kundinnen" synonym verwendet; sie bezeichnen die Personen, die Interesse an den Produkten eines Unternehmens bzw. an deren Nutzung haben und die diese in weiterer Folge möglicherweise auch käuflich erwerben.) Im internationalen Marketing handelt es sich beim Absatzmarkt nicht mehr um einen kulturell weitgehend homogenen inländischen Markt, sondern um eine Reihe von ausländischen Märkten. Der Absatzmarkt weist eine kulturelle Vielfalt auf.

Damit Unternehmen und Marketing-Expertinnen die Voraussetzungen für eine optimale Bedürfnisbefriedigung schaffen können, müssen sie sich ein Bild von den Bedürfnissen verschaffen. Das geschieht im Rahmen der Marktforschung. Dabei handelt es sich um die systematische Sammlung, Erfassung und Analyse von Daten über Meinungen, Einstellungen und Verhaltensweisen von Menschen und Gruppen. Ein detailliertes Verständnis der Bedürfnisse und Wünsche der potentiellen Käuferinnen ist eine Grundvoraussetzung für die Entwicklung von Marketingstrategien und -maßnahmen. In der Fachliteratur, z. B. bei Bruhn (2007), wird auch der Begriff Marketingforschung verwendet. Diese ist umfassender und meint nicht nur die Erforschung der Märkte, sondern die generelle Erfassung aller absatzmarktbezogenen Tatbestände.

Marketing geschieht nicht im luftleeren Raum, sondern in einem Umfeld, in dem Kräfte wie Technologie, Politik und natürlich auch Kultur einen bedeutenden Einfluss haben. Das kulturelle Umfeld bezieht sich auf die Überzeugungen und Wertvorstellungen der Menschen einer bestimmten Gesellschaft (siehe Kapitel 2). Diese Werte sind, wie bereits diskutiert wurde, in hohem Maße beständig und konstant. Es sind die Werte, die wir im Zuge der Enkulturation mitbekommen haben und die durch soziale Einrichtungen wie Familie, Schule etc. gefestigt werden. Gleichzeitig sind Kulturen jedoch auch nicht völlig statisch und Änderungen finden statt, besonders an der Oberfläche, der Spitze des Eisbergs. Es ist deshalb nicht nur Aufgabe und Ziel von Marktforscherinnen, die Werte und Gewohnheiten des Marktes zu erforschen, sondern auch sich abzeichnende Veränderungen vorherzusagen oder so früh wie möglich zu erkennen und zu beschreiben, damit die Anbieterseite diese Erkenntnisse in die Konzeption des Angebots und der damit einhergehenden Maßnahmen einfließen lassen kann. Allgemein ist es für Marketing-Expertinnen enorm wichtig, das gesamte Umfeld der (potentiellen) Kundinnen eines Unternehmens zu kennen, um darauf eingehen zu können.

Auf internationaler Ebene kann nicht einfach von einem Markt auf einen anderen geschlossen werden, da die Tatbestände variieren. Das bedeutet, dass Informationen über die und aus den verschiedenen Ländermärkten eingeholt werden müssen. In weiterer Folge müssen diese von Expertinnen ausgewertet werden, wobei wiederum wichtig ist, dass die Personen, denen diese Aufgabe zufällt, bei der Aus- und Bewertung der Daten nicht nur die Maßstäbe ihrer eigenen Kultur anlegen. Auch der Umgang mit den Informationen aus den fremden Märkten und über die fremden Märkte erfordert transkulturelle Kompetenz.

4.3   Marktsegmente und Subkulturen

Obwohl in diesem Band das Land als Bezugsgröße sowohl für das kulturelle Umfeld als auch für die Eroberung von Märkten und das Marketing herangezogen wird, soll nicht völlig vernachlässigt werden, dass Ländermärkte nicht immer als Ganzheit betrachtet werden, sondern dass es innerhalb der Märkte Subgruppen gibt, die im Zuge des Marketings identifiziert und in weiterer Folge ganz speziell angesprochen werden müssen.

Innerhalb von Kulturen gibt es Subkulturen. Das sind gesellschaftliche Gruppen, die nach den verschiedensten Gesichtspunkten kategorisiert werden können, z. B. nach Beruf, nach Alter, nach Herkunft, nach Einkommen etc. Diese Gruppen spielen auch im Marketing eine Rolle. So ist z. B. für Handy-Anbieter die Gruppe der 18-27 Jährigen, der jungen Erwachsenen, eine wichtige Subkultur, für die eigene Marketingkonzepte entwickelt werden. Solche Gruppen haben ganz spezifische Bedürfnisse und Prioritäten, und sie haben oft auch einen Lebensstil, der sich von dem anderer Gruppen unterscheidet. Informationen zu den Bedürfnissen bestimmter Zielgruppen müssen wiederum im Rahmen der Marktforschung erhoben werden, damit bei der Marketingkonzeption darauf eingegangen werden kann. Gleichzeitig werden für solche Gruppen auch Bedürfnisse geschaffen.

In vielen Bereichen, z. B. im Luxusgüterbereich oder im Modebereich, bedeutet die Befriedigung des Bedürfnisses in Form des Produkterwerbs auch eine verstärkte Zugehörigkeit zu einer Gruppe und einem Lebensstil. Durch den Kauf eines Sportwagens einer Prestige-Marke wird nicht nur ein Fahrzeug erworben, mit dem man schnell fahren kann, sondern auch die Zugehörigkeit zu der Gruppe. Diese Gruppe zeichnet sich aus durch einen bestimmten *Lifestyle* und gewissen Eigenschaften, wie z. B. eine hohe Kaufkraft. Das Gleiche gilt für den Kauf einer teuren Handtasche, Uhr oder eines Designer-Kleidungsstücks.

Im Marketing werden die einzelnen Zielgruppen als *Marktsegmente* bezeichnet und der Prozess der Identifizierung und Einteilung als *Segmentierung*. Im internationalen Umfeld ist es für Produktanbieter wichtig, auch in den einzelnen Märkten die entsprechenden Marktsegmente zu identifizieren. Dabei ist nicht immer eine Entsprechung mit dem inländischen Markt gegeben. Ein und dasselbe Produkt muss in den unterschiedlichen Kulturkreisen nicht unbedingt die gleichen Segmente ansprechen bzw. die Segmentierung eines Ländermarktes kann nicht automatisch auf einen anderen Ländermarkt übertragen werden. Genauso sind auch die Bedürfnisse von Marktsegmenten auf internationaler Ebene nicht unbedingt die gleichen. In manchen Bereichen ist eine hohe Übereinstimmung gegeben, so z. B. im bereits angesprochenen Luxusgütersegment, in anderen sind die Bedürfnisse sehr unterschiedlich. Länder, in denen nur wenige Haushalte eine Waschmaschine haben, verlangen nach einer anderen Segmentierung im Hinblick auf diese Produktgruppe (und die damit einhergehenden Produkte, wie z. B. Waschmittel und Weichspüler) als solche, in denen eine Waschmaschine im Haus oder der Wohnung selbstverständlich ist. Die Einteilung des Marktes in Untergruppen ist eine sehr komplexe Aufgabe, besonders, wenn der Markt sich über mehrere Ländermärkte erstreckt.

4.4 Segmentierung und Kommunikation

Für Kommunikationsexpertinnen ist der Aspekt der Segmentierung insofern von großer Bedeutung, da einzelne Segmente zumeist nach einer ganz genau auf die Sprache dieser Gruppe abgestimmten Kommunikation verlangen. Die Zielgruppe der Botschaft spielt nicht nur auf nationaler und landessprachlicher Ebene eine Rolle, sondern auch auf subkultureller. Da die Art und Weise, wie innerhalb von Subkulturen kommuniziert wird und wie man die Mitglieder am effektivsten erreichen kann, ein wichtiger Aspekt im Marketing ist, ist es auch notwendig, dass Kommunikationsexpertinnen genau über die Zielgruppe informiert werden, für die sie einen Text verfassen sollen. Eine Translatorin kann nur dann die richtigen Worte und den richtige Stil wählen, wenn sie weiß, an welche Gruppierung die Informationen gerichtet sind. Bei vielen Marketingtexten reicht es nicht, zu wissen, dass der Text ins Italienische oder ins Französische übersetzt werden muss, sondern es sind weitere Differenzierungen notwendig. Da Marketing-Expertinnen im Rahmen der Segmentierung viel Zeit, Energie und Geld aufwenden, um diese Differenzierungen vorzunehmen, sollte es selbstverständlich sein, dass die Informationen an die involvierten Kommunikationsexpertinnen weitergegeben werden.

Die Notwendigkeit, auf die Zielgruppe eingehen zu können, erfordert seitens der Kommunikationsexpertinnen neben der allgemeinen Kulturkompetenz im Hinblick auf das Zielland auch branchenkulturelles Wissen. Um für ein bestimmtes Marktsegment effektive und funktionierende Texte produzieren zu können, muss die Translatorin wissen, was diese Gruppe bewegt und anspricht. Der folgende Ausschnitt aus einer an einem deutschen Autoproduzenten durchgeführten Fallstudie (Framson: 2007) verdeutlicht die Erwartungen der Auftraggeberinnen in den Unternehmen an Translatorinnen.

Die Endkonsumentengruppe einer bestimmten Fahrzeuggruppe des Unternehmens wird vom Leiter der entsprechenden Kommunikationsabteilung folgendermaßen definiert: zu gleichen Teilen männlich und weiblich; ca. 25 bis 55 Jahre alt, wobei es weniger um ein bestimmtes Alter nach Zahlen geht, sondern vielmehr um die Einstellung zum Leben – offen, lebenslustig, aktiv, kreativ, sich jung fühlend und jung geblieben; kaufkräftig.

Im Unternehmen erwartet man sich, dass die Sprache der Marketingtexte für diese Kundengruppe genau auf diese zugeschnitten ist – auch die Sprache muss offen, jung und kreativ sein. Sie muss einen gewissen Lebensstil, nämlich den dieser Zielgruppe, widerspiegeln. Auf keinen Fall will man mit der Zielgruppe „von oben herab" sprechen, denn das würde bei dieser Zielgruppe nicht ankommen. Vielmehr muss die Kommunikation wie ein persönliches Gespräch gestaltet sein.

Obwohl die Translationsprozesse ausgelagert werden und man im Unternehmen in diesen Schritt nicht involviert ist (es gibt externe Partner, die diese Abläufe koordinieren – Werbeagenturen, PR-Agenturen etc.), werden die fremdsprachigen Texte immer von jemanden im Unternehmen (oder einer der Niederlassungen) vor der Veröffentlichung gelesen. In einem Fall wurde offensichtlich der englische Übersetzer, mit dessen Arbeit man bislang sehr zufrieden war, ausgetauscht. Die Texte klangen plötzlich nicht mehr so, wie man das für die Zielgruppe wollte – jung und modern – sondern alt und veraltet. Die neue Übersetzerin konnte sich laut Meinung des Leiters der Kommunikationsabteilung nicht mit der Zielgruppe identifizieren, sprach nicht die Sprache der Zielgruppe, sei selbst zu alt gewesen. Die Sprache wies keine Fehler auf, sie war aber im Hinblick auf den Stil und das verwendete Vokabular nicht auf das entsprechende Zielsegment zugeschnitten, und eine weitere Zusammenarbeit mit dieser Übersetzerin kam aus diesen Gründen für das Unternehmen nicht in Frage.

Der Wunsch seitens der Unternehmen, dass die involvierten Translatorinnen sich im Idealfall mit dem Unternehmen und den Produkten und vor allem aber mit der Zielgruppe identifizieren können, stellt einen sehr hohen Anspruch dar. Translatorinnen bearbeiten in ihrer beruflichen Tätigkeit viele verschiedene Texte aus verschiedenen Bereichen, und eine Identifizierung mit allen Zielgruppen ist unrealistisch. Auf jeden Fall aber müssen Wissen und Kompetenz hinsichtlich der Zielgruppen und Branchen vorhanden sein, bzw. die Translatorin muss in der Lage sein, sich diese Dinge rasch anzueignen, um funktionierende Texte zu produzieren. Dabei ist Interesse am Thema von großem Vorteil.

4.5 Der Marketing-Mix

Der Marketing-Mix umfasst eine Vielzahl an Werkzeugen und Instrumenten, die vom Unternehmen gezielt eingesetzt werden, um die Nachfrage nach seinem Produkt zu beeinflussen bzw. auf dem Zielmarkt eine bestimmte Reaktion hervorzurufen. Die Instrumente des Marketing-Mix werden in der Fachliteratur häufig in vier Bereiche bzw. Gruppen von Maßnahmen eingeteilt, die auch als „vier Ps" bekannt sind – *Produkt, Promotion, Preis* und *Platzierung*. Zum Produkt gehören z. B. die Produkteigenschaften, das Design, die Produktbeschreibungen und die Garantie. Entscheidungen und Maßnahmen zum Produkt fallen in den Bereich der *Produktpolitik* eines Unternehmens. Unter Promotion versteht man all die Maßnahmen, mit deren Hilfe die Vorzüge des Produktes und seine Differenzierung von Konkurrenzprodukten an die (potentiellen) Käuferinnen kommuniziert werden. Als bekanntestes Instrument der *Kommunikationspolitik* kann die Produktwerbung genannt werden.

Der Preis ist das, was die Kundinnen für das Produkt bezahlen und zur *Preispolitik* gehören u. a. Rabatte oder Kundenkredite. Zur Platzierung (*Distributionspolitik*) gehören z. B. der Transport und die Angebotsorte. Es geht darum, das Produkt der Kundin zugänglich zu machen, damit diese es leicht erwerben kann. Auch in diesen beiden Bereichen gibt es große kulturelle aber

Abbildung 4: Der Marketing-Mix (nach Kotler et al.: 2007)

auch gesetzliche Unterschiede. Ein und dasselbe Produkt kann nicht auf allen Märkten zum gleichen Preis angeboten werden, wobei die Gründe für die Preisunterschiede vielfältig sind. So wird es für einen Anbieter wahrscheinlich schwierig sein, einen sehr hohen Preis zu verlangen, wenn es viele Konkurrenzprodukte gibt, die günstiger sind. Im Hinblick auf die Platzierung eines Produktes muss beachtet werden, dass Menschen in verschiedenen Kulturen unterschiedliche Einkaufsgewohnheiten haben. In manchen Ländern werden Lebensmittel vorzugsweise auf offenen Märkten eingekauft, in anderen geht man üblicherweise in große Supermärkte.

Kommunikation spielt im Marketing-Mix durchgehend eine große Rolle. Thematisiert werden in diesem Band vor allem die Kommunikationspolitik (Kapitel 5) und die Produktpolitik (Kapitel 6), da in diesen beiden Bereichen direkt mit den Produktabnehmerinnen kommuniziert wird und deshalb die Qualität der Kommunikation von großer Bedeutung ist. Selbstverständlich erwächst auch in den beiden hier nicht thematisierten Bereichen Bedarf an Kommunikationsexpertinnen, wie z. B. bei der Übersetzung von Verträgen mit Distributeuren, in den Bereichen Produkt und Promotion gibt es jedoch traditionell viele Aufgaben, die an Expertinnen übergeben werden, wie z. B. die Übersetzung von Produktbeschreibungen und Gebrauchsanweisungen oder das Verfassen von Werbetexten in einer Fremdsprache.

4.6   Marketing als Informationsaustausch

Im Marketing vollzieht sich ein ständiger Informationsaustausch, der ermöglicht, dass Transaktionen überhaupt zustande kommen und funktionieren können. Informationen müssen einerseits vom Markt zum Unternehmen fließen und andererseits vom Unternehmen zum Markt. Dieser Informationsfluss wird in *Abbildung 5* dargestellt.

Der Informations- bzw. Kommunikationsfluss vom Unternehmen hin zu den (potentiellen) Käuferinnen ist notwendig, damit

- diese über die Existenz des Angebots informiert werden,
- diese über das Angebot und seine Eigenschaften informiert werden,
- diese die Nicht-Inanspruchnahme oder den Nicht-Besitz des Angebots als Mangel empfinden,
- dort, wo Bedürfnisse noch nicht bestehen, diese geweckt bzw. erzeugt werden können
- die Kundinnen die Inanspruchnahme bzw. den Besitz des Angebots als befriedigend empfinden.

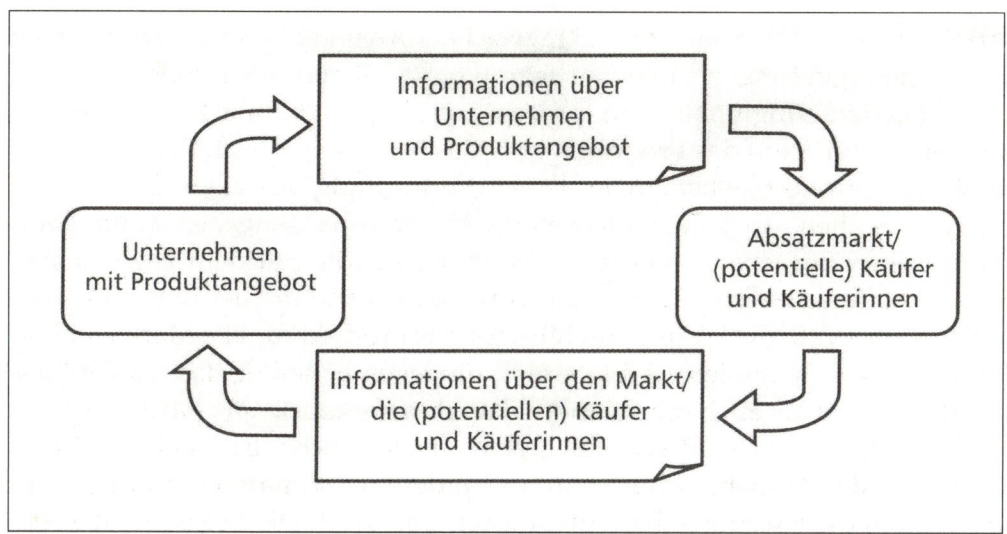

Abbildung 5: Informationsaustausch im Marketing

Andererseits brauchen Unternehmen Informationen

- über den Markt im Allgemeinen (Sprache, Kultur, Gewohnheiten, Infrastruktur etc.),
- über die einzelnen Zielgruppen im Speziellen (Prioritäten, Lebensstil, Kaufkraft etc.), und
- über Unterschiede zwischen den einzelnen Märkten und Segmenten im internationalen Umfeld,

damit sie ihr Angebot entsprechend abstimmen können. Dieser Informationsaustausch ist ein zentrales Element des Marketings. Im internationalen Marketing vollzieht sich der beschriebene Informationsaustausch transkulturell, da der Absatzmarkt und das Unternehmen unterschiedliche Kulturen haben.

4.7 Standardisierung vs. Adaptierung

Wenn der Zielmarkt nicht mehr homogen ist, sondern aus vielen kulturell unterschiedlichen Märkten besteht, dann muss Marketing grenzüberschreitend – transkulturell – geschehen und der Marketing-Mix auf eben diese Märkte abgestimmt werden.

Die Kernfrage in allen Bereichen des transkulturellen Marketings ist die, ob eine Standardisierung von Strategien, Konzepten, Inhalten und Maßnahmen angestrebt wird oder ob und in welchem Ausmaß lokale Gegebenheiten in die Entscheidungen miteinbezogen werden. Standardisierung bedeutet, dass alle Marketinginhalte und -prozesse *unangepasst* für alle Zielmärkte gelten. Im Hinblick auf das Produkt würde das bedeuten, dass z. B. das angebotene Kernprodukt selbst sowie dessen Verpackung auf allen Zielmärkten gleich aussehen. Auch Gebrauchshinweise und Inhaltsangaben wären dann in nur einer Sprache abgefasst. Im Hinblick auf die mit dem angebotenen Produkt einhergehende Promotion würde eine Standardisierungspolitik bedeuten, dass z. B. die Werbebroschüre für das Produkt für alle Märkte in Bild und Wort gleich aussieht. Adaptierung hingegen bedeutet, dass sowohl das Produkt selbst als auch die Promotion an den Zielmarkt *angepasst* werden – die Verpackung wird z. B. sprachlich aber auch farblich auf den Zielmarkt abgestimmt, die Werbebroschüre wird mit anderem Bildmaterial versehen und der Text in die jeweiligen Landessprachen übersetzt. Die Begriffe Lokalisierung, Differenzierung und Anpassung beschreiben ebenfalls dieses Vorgehen.

Die Frage, ob es für ein Unternehmen besser ist, zu standardisieren oder zu lokalisieren, lässt keine universell gültige Antwort zu und kann nur bezogen auf Unternehmen, Produkt und die spezifischen Konzepte und Maßnahmen beantwortet werden. Allgemein kann festgehalten werden, dass weder eine völlige Standardisierung noch eine völlige Adaptierung aller Marketingaspekte realistisch ist, weshalb keine der beiden Vorgehensweisen in ihrer extremen Ausbildung in der Realität vorkommt. Die uneingeschränkte Standardisierung wird meist schon durch gesetzliche Vorgaben unmöglich gemacht – bei vielen Produkten muss die Produktverpackung Angaben in der Zielmarktsprache enthalten, damit das Produkt dort importiert werden kann – und wenn ein technisches Produkt nicht auf die Gegebenheiten des Zielmarktes abgestimmt wird, kann es dort von den Käuferinnen womöglich gar nicht in Betrieb genommen werden (weil vielleicht der Stecker nicht in die Steckdose passt). Genauso würde die Printkampagne ihr Ziel verfehlen, wenn die Texte von den potentiellen Kundinnen nicht verstanden werden, weil sie in einer unverständlichen Sprache verfasst sind. Häufige Gründe, die gegen eine Standardisierung im Marketing sprechen, sind also die in einem Markt bestehenden Vorschriften, technische Gegebenheiten, Unterschiede in der Sprache und unterschiedliche Konsumgewohnheiten (wobei es sich hier nicht um eine vollständige Aufzählung handelt).

Adaptierung bzw. Lokalisierung hingegen ist sehr zeit- und geldaufwendig und ist deshalb oft nur in begrenztem Maße möglich. Außerdem wollen viele Unternehmen einen global einheitlichen Auftritt, und es wäre daher nicht zielführend, sich in jedem Zielmarkt völlig anders zu präsentieren, eben mit einer eigens konzipierten Werbekampagne oder einer völlig anderen Produktverpackung. Ein global einheitlicher Auftritt erhöht den Erkennungsgrad durch die moderne mobile Käuferin und kann die Verkaufszahlen positiv beeinflussen. In der Realität ist es deshalb heute so, dass viele Unternehmen eine Mischung aus Adaptierung und Standardisierung verfolgen, die Gründe, die hinter der Wahl des jeweiligen Vorgehens stehen, sind dabei jedoch vielfältig.

Dort, wo Information fließt und kommuniziert wird, sei es über das Etikett auf dem Produkt oder die Werbung im Fernsehen, kommt man ohne Lokalisierung nicht aus. Auch wenn die (potentiellen) Käuferinnen in den unterschiedlichen Märkten nach den gleichen Produkten streben, so sprechen sie doch eine große Anzahl an verschiedenen Sprachen. Neben der unterschiedlichen Sprache ist auch die Verfügbarkeit und Effektivität der Medien nicht in allen Ländern gleich, weshalb vielleicht eine in einem Land erfolgreiche Fernsehwerbung in einem anderen Land keinen Sinn machen würde. Auch die in den Kulturen verankerten Motivationen für das Streben nach oder den Kauf und die Verwendung von Produkten sind oft unterschiedlich und müssen berücksichtigt werden. Daraus folgt, dass besonders dort, wo man sich direkt an die Kundinnen wendet – mit der Gebrauchsanweisung auf der Verpackung, mit der Software im Produkt, mit den Botschaften auf der Internetseite, mit der Plakatwerbung etc. – kulturell/sprachlich auf die lokalen Gegebenheiten eingegangen werden muss, sei es, um gesetzlichen Vorgaben zu entsprechen, um den sicheren Gebrauch zu gewährleisten oder einfach um die potentiellen Käuferinnen optimal zu erreichen und bestmögliche Verkaufsergebnisse zu erzielen.

4.8   Kapitelzusammenfassung

- Marketing ist ein Konzept zur Befriedigung von Käuferwünschen.

- Die Befriedigung von Bedürfnissen und Wünschen geschieht via Transaktionen. Diese sind eine Form des Austauschs.

- Die Gesamtheit der (potentiellen) Käuferinnen und Kaufinteressentinnen für ein Produkt werden als Markt oder Absatzmarkt bezeichnet.

- Unternehmen müssen ihre Märkte und die dort ablaufenden Entwicklungen genau kennen, um ihr Angebot und ihre Konzepte darauf abstimmen zu können. Das Sammeln und Auswerten von Informationen geschieht über die Marktforschung.

- Die Instrumente, die von Unternehmen im Rahmen des Marketings eingesetzt werden, um ihr Angebot zu fördern, werden im Marketing-Mix kategorisiert. Dieser besteht aus den vier Bereichen Produkt, Promotion, Preis und Platzierung.

- Es gibt somit im Marketing zwei grundlegende Informationsflüsse – einen vom Markt zum Unternehmen (Marktforschung) und einen vom Unternehmen zum Markt (Angebot).

- Eine grundlegende Frage im Marketing ist die, ob und inwieweit im internationalen Marketing lokale Gegebenheiten und Besonderheiten berücksichtigt werden sollen.

- Standardisierung bedeutet den unangepassten Einsatz der Instrumente des Marketing-Mix auf allen Märkten.

- Adaptierung bedeutet eine Anpassung der Instrumente des Marketing-Mix an die lokalen Gegebenheiten.

- Immer dort, wo es um Kommunikation geht, ist eine Standardisierung sehr schwierig bis unmöglich. Die Kommunikation wird grundsätzlich an die Märkte angepasst. Absolute Standardisierung ist deshalb in der Realität nicht umsetzbar.

4.9   Quellen und weiterführende Literatur

Bruhn, Manfred. 2007. *Marketing. Grundlagen für Studium und Praxis*. Wiesbaden: Gabler.

Framson, Elke A. 2007. *Translation in der internationalen Marketingkommunikation. Funktionen und Aufgaben für Translatoren im globalisierten Handel*. Tübingen: Stauffenburg.

Kotler, Philip & Armstrong, Gary & Saunders, John & Wong, Veronica. 2007. *Grundlagen des Marketing*. München: Pearson Studium.

www.vmoe.at (besucht 09/2008)

5 Marketingkommunikation

5.1 Der Kommunikations-Mix

Damit Produktanbieter die gewünschten Verkaufsergebnisse erzielen, müssen sie die potentiellen Käufer darüber informieren, was an ihrem Produkt besonders ist und warum der Kunde gerade ihr Produkt und nicht das der Konkurrenz kaufen soll. Sie müssen diese Informationen in einer Art und Weise bereitstellen, die beim Kaufinteressenten ankommt und eine *Bewusstseinsbildung bzw. Beeinflussung* bewirkt. Das geschieht im Rahmen der *Marketingkommunikation.* Den Produktanbietern steht eine Reihe von Werkzeugen zur Verfügung, die im Rahmen des Kommunikations-Mix folgendermaßen kategorisiert werden:

- Werbung: Zur Werbung gehören z. B. die Printwerbung, die Plakatwerbung und die Werbung in TV und Rundfunk, aber auch das Internet wird für Werbezwecke genützt.

- Persönlicher Verkauf: Werkzeuge des persönlichen Verkaufs sind z. B. Messen oder Verkaufsvorführungen.

- Verkaufsförderung: Verkaufsfördernde Maßnahmen sind z. B. Preisausschreiben oder sonstige Mitmach-Aktionen.

- Direktmarketing: Direktmarketing geschieht dadurch, dass (potentielle) Kunden z. B. über das Internet oder in Form von Katalogen angesprochen werden.

- Öffentlichkeitsarbeit: Bei der Öffentlichkeitsarbeit steht weniger das Produkt als das Unternehmen im Mittelpunkt. Die Öffentlichkeitsarbeit wird in Kapitel 7 gesondert behandelt.

Das Kommunikationsumfeld ist für das international agierende Unternehmen heutzutage mitunter sehr groß. Für viele Produktanbieter ist die Welt der Zielmarkt, was in kultureller Hinsicht bedeutet, dass es nicht nur einen Zielmarkt gibt, sondern viele Märkte mit ganz spezifischen Eigenschaften, wie z. B. unterschiedlichen Sprachen und Kommunikationsnormen.

Allgemein gibt es einen Trend vom Massenmarketing hin zu einem individuelleren und maßgeschneiderten Marketing. Voraussetzung dafür ist die Identifizierung einer Zielgruppe und die Abstimmung des Programms und der Maßnahmen auf genau diese Zielgruppe, damit das Ziel der Käuferinformation und -beeinflussung bestmöglich erreicht werden kann. Es geht im Zuge der Marketingkommunikation auch darum, eine Beziehung zum (potentiellen) Kunden aufzubauen und so eine gewisse Loyalität zu bewirken. Durch die neuen Informationstechnologien ist es heute leichter, die Bedürfnisse der Kunden bzw. gewisser Kundensegmente genauer zu erfassen und in den Entwurf des Marketingprogramms einfließen zu lassen. Eine große Herausforderung in der Marketingkommunikation ist jene, trotz Segmentierung und der Verwendung unterschiedlicher Marketingkanäle (Fernsehen, Internet, Zeitungen etc.) den Käufer nicht zu verwirren, sondern eine einheitliche Botschaft zu vermitteln. Alle Marketingmaterialien, auch wenn sie über verschiedene Kanäle gesendet werden, sollten das Gleiche aussagen. So sollte z. B. die Plakatwerbung die gleiche Grundbotschaft vermitteln, wie die Website. Die Bemühungen, dieses Ziel zu erfüllen, werden mit dem Begriff „integrierte Marketingkommunikation" beschrieben. Im internationalen Umfeld sind dabei die Herausforderungen besonders groß.

5.2   Schritte zur effektiven Kommunikation

Die Entwicklung eines effizienten und effektiven Kommunikationskonzeptes bedarf einiger Schritte, die wiederum durch die Marktforschung unterstützt werden. Damit die Produktanbieter effektiv mit den Kaufinteressenten sprechen können, müssen sie wissen, mit wem sie es zu tun haben, was diese Menschen bewegt, welche Prioritäten sie haben etc. Wie bereits erwähnt, muss zuerst bestimmt werden, welche *Zielgruppe* (welches Segment des Ländermarktes) angesprochen werden soll. Die Botschaft kann nur dann effektiv gestaltet werden, wenn bei ihrer Formulierung die Zielgruppe berücksichtigt wird. Als nächstes gilt es, das *Kommunikationsziel* festzulegen – was soll die Botschaft überhaupt beim Empfänger bewirken? Grundsätzlich steht in der Marketingkommunikation der Kauf des Produktes als Marketing- und Kommunikationsziel immer im Raum. Bevor es jedoch überhaupt erst zum Kauf kommen kann, muss der potentielle Käufer das Produkt kennen lernen, eine Sympathie aufbauen, es anderen Produkten vorziehen und zum Kaufentschluss gelangen. Kotler et al. (2007) sprechen von sechs Stadien der Kaufbereitschaft, in denen sich die Mitglieder der Zielgruppe befinden können und die in *Abbildung 6* dargestellt werden. Die Stadien der Kaufbereitschaft stellen gleichzeitig Kommunikationsziele dar. Das heißt, auch wenn das übergeordnete Ziel der Kommunikation der Kauf des Produktes durch die Zielgruppenmitglieder ist, so gibt es Teilziele, die zuerst erreicht werden müssen.

Abbildung 6: Kaufbereitschaft der Zielgruppe

Steht das Kommunikationsziel fest, muss eine *Botschaft* entworfen werden. Diese kann primär *emotional* oder primär *rational* sein. Emotionale Botschaften arbeiten mit Gefühlen wie Liebe, Humor, Stolz, Erfolg oder Angst. Rationale Botschaften appellieren in erster Linie an den Verstand und liefern mehr Sachinformationen als emotionale. Weitere Entscheidungen betreffen die *Übermittlung* (den Kanal) der Botschaft. Soll die Botschaft via Rundfunk gesendet werden oder in Form einer Printwerbung in verschiedenen Zeitschriften erscheinen, oder startet man eine Kampagne in mehreren Medien gleichzeitig. Die beschriebenen Schritte laufen nicht unbedingt chronologisch ab, und bei jedem Schritt handelt es sich um eine Entscheidung, die wieder die anderen Entscheidungen beeinflusst. Nachdem Botschaften an den Empfänger gelangt sind, ist es für Anbieter auch wichtig, in Erfahrung zu bringen, ob und inwieweit die Botschaft bei der Zielgruppe „angekommen" ist und wirksam war. Nur so können zukünftige Kommunikationsmaßnahmen optimiert werden.

Kommunikationsdesign ist eine komplexe Angelegenheit, die eine genaue Kenntnis vieler Faktoren benötigt. Im transkulturellen Kontext erhöht sich die Komplexität um einiges, da nicht angenommen werden kann, dass die Faktoren von Markt zu Markt gleich sind. So ist es wahrscheinlich, dass das Kommunikationsziel in einem Markt, in dem das Produkt noch völlig unbekannt ist, ein anderes ist, als in einem Markt, in dem das Produkt schon seit einiger Zeit zum Verkauf angeboten wird. Selbst bei gleichem Kommunikationsziel kann nicht angenommen werden, dass die gleiche Botschaft in allen Kulturen gleich wirkt und fähig ist, den Adressaten ins nächste Stadion der Kaufbereitschaft zu bringen. Wenn Botschaften in andere Sprachen übersetzt werden, muss genau überprüft werden, ob die gleiche Reaktion und somit die Wirksamkeit gegeben ist. Auch die Verfügbarkeit, Verbreitung und somit Wirksamkeit von Medien kann in unterschiedlichen Märkten unterschiedlich gegeben sein, was dazu führen kann, dass die Übermittlung über einen anderen Kanal erfolgen muss, was wiederum Auswirkungen auf die Botschaftsgestaltung selbst hat.

5.3   Kommunikationsinstrument Werbung

Als Werbung werden alle bezahlten Formen nicht persönlicher Präsentation und Förderung von Produkten bezeichnet, wobei die Übermittlung meist über die Massenmedien erfolgt. Werbung erfolgt grundsätzlich durch einen identifizierbaren Absender. Sie kann verschiedene Ziele verfolgen, die entweder primär *informierend*, *überzeugend* bzw. beeinflussend oder *erinnernd* sind. Bei der informierenden Werbung kann z. B. im Vordergrund stehen, die potentiellen Kunden über ein neues Produkt zu informieren oder eine grundlegende Nachfrage zu erzeugen. Bei der überzeugenden Werbung geht es darum, den potentiellen Käufer zu beeinflussen und z. B. einen Wechsel von einer anderen Marke zur eigenen zu bewirken oder zum sofortigen Kauf zu animieren. Überzeugende Werbung kann auch dazu dienen, Menschen, die bereits Kunden sind, darin zu bestärken, dass sie die richtige Wahl getroffen haben, um sie so zu loyalen Kunden zu machen. Die erinnernde Werbung wird dann eingesetzt, wenn ein Produkt schon länger auf dem Markt ist und man z. B. das Interesse am Produkt wieder beleben möchte. Natürlich können im Rahmen einer Werbemaßnahme mehrere Ziele gleichzeitig verfolgt werden. Grundsätzlich wollen Werbetexte bei der Zielgruppe etwas bewirken. Selbst dann, wenn ein Werbetext informiert, geschieht das nicht nur des Informierens willen, sondern auch mit dem Gedanken, dass die dargelegten Informationen den potentiellen Käufer von der Qualität bzw. den positiven Eigenschaften des Produktes überzeugen sollen.

Sobald das Werbeziel feststeht und ein Werbebudget festgelegt wurde, muss die Werbestrategie entwickelt werden. Dieser Prozess beinhaltet die Entwicklung der Botschaft selbst und die Auswahl eines geeigneten Mediums zur Übertragung. Die Ausarbeitung einer effektiven Werbebotschaft ist sehr wichtig und Unternehmen arbeiten zu diesem Zweck meist mit externen Experten, wie Werbetextern oder Kreativagenturen, zusammen. Große Unternehmen wenden sich dabei vorwiegend an große Werbeagenturen mit internationaler Präsenz, aber selbst kleine und mittelständische Unternehmen ziehen zur Konzeption und Durchführung von Werbemaßnahmen Experten von außen hinzu.

Die Botschaft ist, je nach Medium, eine Kombination textlicher, visueller und auditiver Elemente. Bei einem Werbeplakat werden z. B. Bild und Wort kombiniert, bei einer Rundfunkwerbung Wort und Musik, bei einer TV-Werbung werden alle drei eingesetzt. Werbung geschieht auch in Form von Produktproben. Das ist der Fall, wenn z. B. in einer Zeitschrift der Printwerbung für eine Gesichtscreme eine Probepackung beigelegt wird. Medien zur Übertragung der Werbung sind Zeitungen, Zeitschriften, Fernsehen, Hörfunk, das Internet, Plakate und andere öffentliche Plätze wie Busse und Straßenbahnen.

Dem Internet kommt seit einigen Jahren als Kommunikationsplattform mit den (potentiellen) Kunden eine enorm große Rolle zu. Es wird zunehmend seltener, dass Unternehmen keine Homepage haben, auf der sie die Interessenten über das Unternehmen selbst und sein Angebot informieren und für die angebotenen Produkte werben. Das Internet wird aber auch dazu verwendet, direkt mit den (potentiellen) Kunden Kontakt aufnehmen (siehe Direktmarketing) oder dem Kunden die Möglichkeit zu geben, das Unternehmen zu kontaktieren, um Informationen anzufordern. Außer zum primären Zweck der Werbung und Information verwenden Unternehmen das Internet auch als Verkaufsplattform. Die Nutzung des Internets zu Informations-, Werbe- und Verkaufszwecken hat neue Tätigkeitsbereiche für Kommunikationsexperten geschaffen, da viele Unternehmen mehrsprachige Websites zur Verfügung stellen.

5.4 Werbung auf internationalen Märkten

Im internationalen Umfeld sind die grundsätzlichen Entscheidungen im Hinblick auf Werbeziel, Budget, Botschaft und Medium zwar die gleichen, aber sie müssen für jeden Ländermarkt neu geprüft werden. Eine Grundsatzentscheidung ist die, ob man eine Strategie der Standardisierung von Konzepten, Inhalten und Umsetzung wählt, oder eine der Adaptierung an die verschiedenen Ländermärkte. Eine Standardisierung kann für Unternehmen eine Kostenersparnis bedeuten und hat den Vorteil des global einheitlichen Auftritts und der Förderung eines hohen Wiedererkennungsgrades. Werbestandardisierung ist jedoch nur unter bestimmten Voraussetzungen möglich. Einige dieser Voraussetzungen sind z. B., dass die Zielgruppen auf den Zielmärkten einander ähneln und homogen sind und dass das Produkt aus gleichartigen Motiven erworben wird. Auch die Erwartungen an das Produkt müssten sich in den verschiedenen Zielmärkten gleichen. Standardisierte Werbung ist außerdem nur dann möglich, wenn sich das Produkt in allen Märkten in der gleichen Phase des Produktlebenszyklus befindet. Der Produktlebenszyklus beschreibt mehrere Phasen der Lebensdauer eines Produktes, von der Produktentwicklung, über die Markteinführung, die Wachstums- und die Reifephase (in der der Absatz am höchsten ist) bis hin zur Degeneration (in der Absatz wieder abfällt). Wenn das Produkt in einem Markt sich in der Markteinführungsphase befindet und noch neu und unbekannt ist, kann es nicht gleich beworben werden wie in dem Markt, in dem es schon einen höheren Bekanntheitsgrad erreicht hat.

Im Allgemeinen eignen sich Konsumgüter wie Nahrungsmittel oder Hygieneprodukte weniger für die Standardisierung als Industriegüter wie z. B. Baumaschinen. Im ersteren Fall liegen kulturell größere Unterschiede in der Kaufmotivation, den Gewohnheiten, der Art des Verbrauchs etc. vor, als im zweiten. Eine größere Standardisierung ist oft auch im Luxusgüterbereich möglich, wo die Zielgruppen auf den unterschiedlichen Märkten ebenfalls ähnlich und vor allem die Kaufmotivationen gleich geartet sind. Ein Beispiel dafür sind Uhren- und Schmuckmarken wie *Rolex* und *Cartier*. Für viele Produkte ist jedoch ein globales und gänzlich standardisiertes Werbekonzept nicht denkbar, da zwischen den Märkten zu große Unterschiede in Bezug auf Kultur, Sprache, Traditionen, Wertvorstellungen und Lebensstil bestehen. Selbst wenn das Dachkonzept global einheitlich ist, was durchaus möglich sein kann, muss bei der Umsetzung und Ausführung des Programms der regionale oder lokale Markt in Betracht gezogen werden. Gerade im Hinblick auf die verbalen Komponenten der Werbung ist eine Lokalisierung meist eine Notwendigkeit, da es nicht sehr sinnvoll ist, die Menschen in einer fremden Sprache anzusprechen. Auch die Verfügbarkeit und Effektivität der einzelnen Medien, deren Preise und die Medienpräferenz können nicht überall als gleich angenommen werden. Es ist sehr schwierig, Werbekampagnen für einen multikulturellen Absatzmarkt völlig zu standardisieren.

Eine weitere Überlegung, die Unternehmen hinsichtlich der Entwicklung und Umsetzung von internationalen Werbekonzepten anstellen müssen, ist die, ob dieser Prozess oder Teilprozesse davon *zentralisiert* oder *dezentralisiert* ablaufen sollen. Eine Zentralisierung der Werbeaktivitäten bedeutet, dass diese von der Unternehmenszentrale aus gesteuert werden. Bei einer völligen Zentralisierung finden die Konzeption sowie die Umsetzung ausgehend von der Unternehmenszentrale statt, oft wird dazu eine große Werbeagentur angeheuert, die sich dann auch darum kümmert, dass die Umsetzung für die unterschiedlichen Märkte entsprechend funktioniert – unter anderem auch die Übersetzung der Werbebotschaft. Eine Dezentralisierung würde bedeuten, dass die Ländermärkte sich um ihre eigene Werbung kümmern. Dazwischen gibt es verschiedene Abstufungen. So kann es z. B. möglich sein, dass das Grundkonzept zentral vorgegeben wird, die Umsetzung wird jedoch den Ländern überlassen. Im international tätigen Unternehmen, das über Länderniederlassungen verfügt, ist es häufig auch so, dass selbst bei einer zentralisierten Werbung die Länder in die verschiedenen Entscheidungsprozesse miteinbezogen werden. Welche Vorgehensweise Unternehmen wählen hängt von verschiedenen Faktoren, wie z. B. der Produktkategorie oder der Unternehmensstruktur, ab.

Ein weiterer wichtiger Aspekt im Hinblick auf die internationale Werbung sind regulative Einschränkungen und gesetzliche Vorgaben. Was in der Werbung erlaubt ist und was nicht, ist nicht in allen Ländern gleich. Abgesehen davon, dass es auf kultureller Ebene ungeschriebene Gesetze und Tabus gibt, die von den Werbetreibenden beachtet werden sollten, gibt es natürlich auch Beschränkungen und Verbote. Ein Beispiel für eine Produktkategorie, die verschiedenen Vorgaben unterliegt, ist die der alkoholischen Getränke. In manchen Ländern gibt es für Werbung für alkoholische Getränke strikte Einschränkungen. Allgemein sind die in der Werbung angewendeten Gestaltungsdimensionen – Humor, Erotik, Familie, Freundschaft etc. – von Kultur zu Kultur verschieden. Der Stellenwert von Familie z. B. ist nicht überall gleich, weshalb das Konzept nicht gleich verwertet werden kann.

5.5   Werbebarriere Sprache

Da gerade die Sprache in der internationalen Werbung eine große Barriere darstellt, könnte man meinen, diese Barriere durch Weglassen von Texten und Werben mit Bildmaterial leicht überwinden zu können. Obwohl der visuelle Aspekt der Werbung von großer Bedeutung ist und manche Unternehmen weitgehend mit Bildern alleine werben, so gibt es auch hier einige Einschränkungen. Zum einen ist die reine Bildwerbung auf Medien beschränkt, die nicht mit Ton arbeiten. Für eine Radiowerbung braucht man Worte. Außerdem ist es sehr schwierig, ohne Worte informierende Werbung zu betreiben, da man mit Bildern Produkte nicht immer gut beschreiben und ihnen Sacheigenschaften mitgeben kann. Dort aber, wo ausschließlich mit visuellen Elementen gearbeitet wird, muss beachtet werden, dass Bilder, Farben, Symbole und Zeichen ebenfalls kulturellen Normen unterliegen. Ein

Bild kann in unterschiedlichen Kulturen unterschiedliche Assoziationen hervorrufen und hat somit nicht die gleiche Wirkung. Was auf Bildern erlaubt und akzeptiert ist, ist ebenfalls von Land zu Land verschieden. Dies trifft z. B. auf den Umgang mit Nacktheit zu, aber auch die Verwendung von Tierbildern kann Probleme hervorrufen, wenn kulturell-religiöse Tabus gebrochen werden. Bilder wirken sehr unmittelbar und können so bei Missachtung kultureller Normen gravierende Auswirkungen haben.

In der Fachliteratur wird häufig auf die Problematik der Übersetzung bei der Lokalisierung von Werbung hingewiesen, wie z. B. bei Meffert/Bolz (1994, 186), die meinen: „Bei der sprachlichen Gestaltung von Werbebotschaften geht es um die Verständlichkeit von Aussagen. Unterscheidet man zwischen text- und empfängerspezifischen Einflußfaktoren der sprachlichen Gestaltung, so wird deutlich, daß die Sprache eine der problematischsten formalen Gestaltungselemente ist. So erweist sich die für den länderübergreifenden Einsatz oftmals notwendige Übersetzung textlicher Inhalte als schwierig, da durch die Übersetzung die beabsichtigte Aussage häufig nicht erhalten bleibt, sondern verzerrt oder sinnentstellt wird." Gerade im Bereich der Werbung ist es wichtig, vom Konzept der „genauen Wort-für-Wort-Übersetzung", das besonders bei translatorischen Laien stark verankert ist, abzukommen, da dieses Vorgehen selten das gewünschte Ergebnis bringt und zur im Zitat erwähnten Sinnverzerrung oder Sinnentstellung führt. Vielmehr ist es notwendig, auf Basis des Ausgangstextes und unter Berücksichtigung der genannten Aspekte (Werbeziel, Zielgruppe etc.) einen effektiven Zieltext zu verfassen. Im Hinblick auf die Umsetzung der textlichen Botschaft kommt es nicht nur darauf an, *was* gesagt wird, sondern auch *wie* etwas gesagt wird – Stil, Worte, Stimmung etc. Das wiederum kann nur dann funktionieren, wenn zwischen Auftraggeber und Translator ein intensiver Austausch stattfindet, und wenn diese genau über alle relevanten Aspekte informiert ist. Wie schwierig die Übersetzung eines scheinbar einfachen Slogans sein kann, zeigt das folgende Beispiel. Es handelt sich dabei um einen realen Werbeslogan, der Auftrag ist hypothetisch und dient der Verdeutlichung der Problematik.

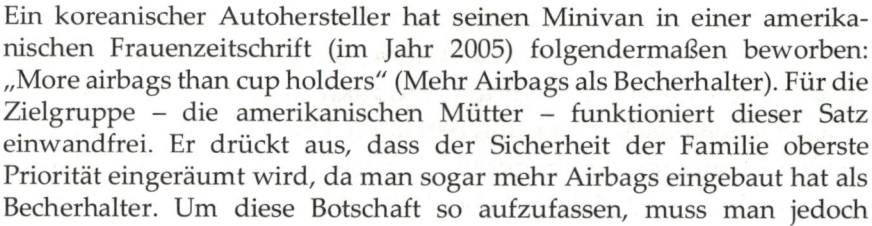

Ein koreanischer Autohersteller hat seinen Minivan in einer amerikanischen Frauenzeitschrift (im Jahr 2005) folgendermaßen beworben: „More airbags than cup holders" (Mehr Airbags als Becherhalter). Für die Zielgruppe – die amerikanischen Mütter – funktioniert dieser Satz einwandfrei. Er drückt aus, dass der Sicherheit der Familie oberste Priorität eingeräumt wird, da man sogar mehr Airbags eingebaut hat als Becherhalter. Um diese Botschaft so aufzufassen, muss man jedoch wissen, dass in den USA verkaufte Fahrzeuge schon seit vielen Jahren mindestens vier, im Fall von Minivans und SUVs aber eher sechs oder acht Becherhalter haben. Diese Tatsache wiederum spiegelt den typisch amerikanischen Lebensstil, die amerikanische Kultur, wider: es gibt lange Distanzen zu überwinden und, da der öffentliche Transport in vielen Regionen nicht gut ausgebaut ist, verbringt man viel Zeit im Auto. Dies trifft besonders auf Mütter zu, die am Nachmittag ihre Kinder zu diversen Aktivitäten – Football, Baseball, Hockey, Tanz etc. – bringen (weshalb auch Namen wie „Soccer Mom" und „Hockey Mom" entstanden sind, Begriffe, die genau das beschreiben). Dazu kommt noch die Gewohnheit, „on the go" zu essen und zu trinken – es ist typisch, im Auto einen Becher Kaffee oder eine Flasche Wasser oder eine Dose limonadenartiges Getränk bei sich zu haben. Der Konsum von Getränken während der Fahrt ist nicht nur den Eltern auf den Vordersitzen erlaubt, sondern auch den Kindern im Hinteren des Fahrzeugs, weshalb entsprechend viele Becherhalter eingebaut sind. Im Hinblick auf den Werbeslogan bedeutet das nun, dass eine amerikanische Leserin sofort auf eine hohe Anzahl an Airbags schließt – einige davon auch hinten im Auto –, wodurch sofort die Sicherheit in den Vordergrund gestellt wird.

Für eine österreichische Mutter (da die Werbung in einer Frauenzeitschrift erschien, bleiben wir bei dem zwar stereotypen aber auch der Realität entsprechenden Bild der Mutter als „Chauffeurin") würde dieser Slogan wohl nicht so gut funktionieren, wenn nicht sogar auf Unverständnis stoßen, da der kulturelle Hintergrund ein anderer ist. Zum einen haben Becherhalter in Fahrzeugen bei uns keine lange Tradition, erst in neueren Fahrzeugen sind meistens ein oder zwei Stück vorne eingebaut. Aus diesem Grund würde eine österreichische Mutter bei dem verwendeten Werbeslogan auch nicht unbedingt auf eine große Anzahl an Airbags schließen und in Folge auf die hohe Sicherheit des Fahrzeugs – die eigentlich die inhaltliche Grundbotschaft des Slogans ist. Dazu kommt, dass man in Österreich auch nicht so lange Zeiten im Auto verbringt, im täglichen Leben keine so langen Distanzen zu überwinden hat und besonders in den Städten viele Kinder selbständig mit Straßenbahn, U-Bahn und Bus unterwegs sind. Letztendlich ist die Gewohnheit, während der Fahrt zu essen und zu trinken, wohl auch (noch nicht) so weit verbreitet wie in den USA. (Die Unterschiede ließen sich noch weiter ausbauen, wie z. B. auf den Stellenwert des Autos in den beiden Kulturen …)

In Österreich müsste man sich einen anderen Satz überlegen, um die Sicherheit des Fahrzeugs zu beschreiben. Ja, man würde vielleicht überhaupt eine andere Eigenschaft des Fahrzeugs in den Mittelpunkt stellen, da, wie bereits angedeutet, auch im Hinblick auf die Prioritäten, die beim Fahrzeugkauf gesetzt werden, Unterschiede bestehen. Der oben angeführte Satz ließe sich somit – grammatikalisch und lexikalisch gesehen – sehr leicht ins Deutsche übersetzen. Ob er funktionieren bzw. die gleiche Wirkung zeigen würde, ist höchst fraglich.

Kommunikationsexperten, die an solchen Projekten beteiligt sind, müssen dieses Wissen mitbringen und müssen solche Überlegungen anstellen. Es ist nicht Aufgabe von Translatoren, blind Sätze zu übersetzen, es geht vielmehr um das Verfassen eines Textes, der die gewünschte Wirkung hat. Auch ein grammatikalisch und stilistisch einwandfreier Text kann ineffektiv und somit nutzlos sein. Das Beraten und Hinweisen des Auftraggebers auf Basis des kulturellen und transkulturellen Wissens, um eventuelle Probleme oder Missverständnisse zu vermeiden, gehört zu den Aufgaben von Experten der transkulturellen Kommunikation.

5.6 Direktmarketing

Ein weiteres Instrument im Kommunikations-Mix ist das Direktmarketing. Einige wichtige Arten des Direktmarketings sind das Telefon-Marketing, das Katalog-Marketing und das *Direct-Mail-Marketing*. Beim Direktmarketing geht es im Gegensatz zur Werbung um eine stärker zielgerichtete und individuellere Kommunikation. Der Produktanbieter tritt in direkten Dialog mit ausgewählten potentiellen Kunden mit dem Ziel, eine unmittelbare Reaktion zu erhalten – z. B. eine Bestellung oder eine Mitgliedschaft. Wie bei der Werbung ist der Absender bekannt. Ziel des Direktmarketings ist es auch, eine persönlichere Beziehung zum Kunden aufzubauen. Das Direktmarketing benützt verschiedene Kanäle, wie z. B. das Telefon, den Postweg oder das Internet, um mit dem potentiellen Kunden zu kommunizieren. Dazu benötigen Unternehmen detaillierte Datenbanken, in denen Kundeninformationen systematisch gesammelt werden. Nur so kann das Marketing genau auf den Kunden abgestimmt werden, eine Grundvoraussetzung im Direktmarketing. Unternehmen bauen ihre Datenbanken unter anderem auch dadurch auf, dass sie Kunden auf ihrer Homepage die Möglichkeit zur Kontaktaufnahme oder Informationsanforderung geben. Ein Interessent, der online einen Katalog oder Informationsmaterial zum Produkt bestellt, macht sich auf diese Art und Weise leicht auch zum Adressaten von Direktmarketingmaßnahmen.

Die Grundlage des *Direct-Mail-Marketing* bilden Texte in verschiedensten Formen. Briefe, Broschüren, Prospekte, Muster und Proben werden an ausgewählte Kundensegmente gesandt. Gerade im internationalen Umfeld müssen diese in der Kundensprache verfasst sein, um eine Wirkung zu zeigen. Wenn die Empfänger die Materialien nicht oder nur ungenügend verstehen, werden die gewünschten Reaktionen ausbleiben. Kaum jemand wird auf Basis eines Werbebriefes, den er nicht versteht, eine Bestellung oder gar eine Zahlung tätigen. Für die Übersetzung von *Direct-Mail-Marketing*-Materialien gelten die gleichen Voraussetzungen wie für die Übersetzung von Werbebotschaften. Die involvierten Kommunikationsexperten müssen genau über das Ziel und die Zielgruppe informiert sein, damit sie auf Basis des Ausgangstextes für diese Gruppe einen Text formulieren können, der dem gleichen Ziel dienlich ist. Obwohl der vorliegende Band die Marketingkommunikation im Wirtschaftsunternehmen beschreibt, sei an dieser Stelle darauf hingewiesen, dass das *Direct-Mail-Marketing* eine Form des Marketings ist, der sich auch Non-Profit-Organisationen häufig bedienen. Man denke nur an die Spendenaufrufe in Briefform mit persönlicher Anrede, die Organisationen aussenden, um für humanitäre Zwecke Gelder zu sammeln.

5.7 Werbung in der Praxis

Im Hinblick auf die erwähnten Schritte der Werbebotschaftsentwicklung und -umsetzung gibt es verschiedene mögliche Abläufe. Werbebotschaften können *unternehmensintern* entwickelt werden. Das kann in einer im Unternehmen bestehenden Marketing- oder Werbeabteilung geschehen, die eben für solche Zwecke eingerichtet wurde und entsprechend mit Kommunikations- oder Marketingfachleuten besetzt ist. Wenn es um die Adaptierung für die fremden Märkte geht, können Translationsdienstleister (Agenturen, Freiberufliche) hinzugezogen werden. Gerade im internationalen Unternehmen mit Länderniederlassungen ist es nicht unüblich, Personen in diesen Stellen als „Übersetzer" oder „Korrekturleser" hinzuzuziehen. Eine Vorgehensweise, welche die Länderniederlassungen mit einbezieht, ist eine typische Entwicklung der globalisierten Wirtschaft.

Mitarbeitern oder Managern in internationalen Unternehmen mangelt es auch oft nicht am Vertrauen in ihre eigenen Sprachkenntnisse, eine Tatsache, die besonders für die englische Sprache zutrifft und durch folgende Aussage eines Marketing Direktors in einem internationalen Konzern unterstrichen wird: „ … ich meine, ich bin quasi zweisprachig, ich kann mit Sicherheit mittlerweile so gut Englisch, dass ich, also ich kann fast alles simultan übersetzen, … Französisch bin ich auch gut drin, und ich mein', okay, wenn ich dann irgendwo einfach ein Stück Werbung habe, da brauch' ich keinen Übersetzer." (Framson: 2007) Von dem Manager wurde in diesem Zusammenhang betont, dass es sich im Falle von Werbeslogans auch oft nicht nur um sprachliche, sondern vor allem um strategische Entscheidungen handelt, was dafür spricht, sich unternehmensintern, z. B. im Marketingteam, Lösungen zu überlegen. Diese Aussage unterstreicht wiederum die Notwendigkeit des

Austauschs und der engen Zusammenarbeit in den Fällen, in denen Kommunikationsexperten hinzugezogen werden.

Manche Unternehmen haben auch eigene Übersetzungsdienste, wobei dies nur bei großen Firmen mit hohem Translationsvolumen sinnvoll ist. Sehr häufig gehen Unternehmen im Bereich der Werbung jedoch so vor, dass sie eine Werbeagentur beauftragen und den Prozess somit völlig auslagern. In den Werbeagenturen sitzen kreative Köpfe, die Vorschläge ausarbeiten und dem Unternehmen unterbreiten. Wenn man sich auf einen Vorschlag geeinigt hat, dann wird oft auch die fremdsprachliche Adaptierung von der Werbeagentur koordiniert. Das kann so geschehen, dass die Werbeagentur mit Translatoren oder Übersetzungsagenturen zusammenarbeitet und diese beauftragt. Große Werbeagenturen haben aber auch oft Niederlassungen in verschiedenen Ländern, und die fremdsprachliche Adaptierung wird an sie vergeben. Je mehr Sprachen involviert sind, desto wahrscheinlicher ist es, dass Unternehmen die Koordinierung und Ausführung der Translationsprozesse gänzlich auslagern. Im Unternehmen ist man in solchen Fällen zumeist nicht mit den involvierten Translatorinnen in Kontakt, es ist auch nicht ungewöhnlich, dass man im Unternehmen nicht einmal genau weiß, wer die fremdsprachigen Texte schreibt. Was zählt ist das Resultat, solange dieses stimmt, ist der Weg dorthin oft sekundär. Auch bei Übernahme des gesamten Prozesses durch eine Werbeagentur ist es nicht ungewöhnlich, dass die Texte noch in den Länderniederlassungen des Unternehmens, sofern vorhanden, Korrektur gelesen werden, bevor sie veröffentlicht werden.

Die Faktoren, die bestimmen, welche Vorgehensweise gewählt wird, sind vielfältig. Die Größe des Unternehmens spielt eine Rolle. Große Unternehmen haben meist einen höheren Bedarf und fix etablierte Abläufe mit fixen Involvierten. Große Unternehmen arbeiten meist auch mit großen Agenturen zusammen. Gleichzeitig sind es auch die großen Konzerne, die am ehesten einen eigene Werbeabteilung und einen eigenen Übersetzungsdienst einrichten, da diese nur Sinn ergeben, wenn ein dementsprechender Bedarf vorhanden ist. Die Anzahl der benötigten Sprachen spielt ebenfalls eine Rolle. Je mehr Sprachen, desto wahrscheinlicher ist eine Auslagerung der Translationsprozesse, da die Koordinierung intern zu zeitaufwendig wäre. Die Unternehmens- und Mitarbeiterstruktur ist ebenfalls von Bedeutung. Wenn es Länderniederlassungen gibt, sind diese oft in die Prozesse involviert und übernehmen mitunter auch die kulturelle und sprachliche Adaptierung. Mitarbeiter aus anderen Ländern werden ebenfalls oft gebeten, „schnell etwas zu übersetzen oder zu korrigieren". Im Anschluss werden zwei Vorgehensweisen an Beispielen aus der Praxis beschrieben.

Ein österreichischer Exporteur von medizinisch-technischen Geräten und Hygieneartikeln produziert für seine Hygiene-Reihe verschiedene Verkaufsbroschüren. Die Abnehmer der Produkte sind Ärzte, die Broschüren sind auch an diese Zielgruppe gerichtet. Sie werden in den Sprachen Deutsch, Englisch, Französisch, Italienisch und Spanisch erzeugt. Manchmal kommen auch Portugiesisch und Griechisch hinzu.

Die Texte werden zuerst auf Deutsch, meist in Zusammenarbeit mit einem Werbetexter, ausgearbeitet. Liegt ein finaler deutscher Text vor, dann wird dieser an ein Übersetzungsbüro weitergeleitet. Dort wird er in die genannten Sprachen übersetzt. Die fertigen Übersetzungen gehen zurück an das Unternehmen. Von der Unternehmenszentrale werden die Texte an die Vertriebspartner gesandt, die eine Überprüfung vornehmen. Sobald an den fremdsprachigen Texten etwaige Veränderungen, sofern solche überhaupt notwendig sind, vorgenommen wurden, wird von einem im Unternehmen tätigen Graphiker die druckreife Version der Broschüre erstellt.

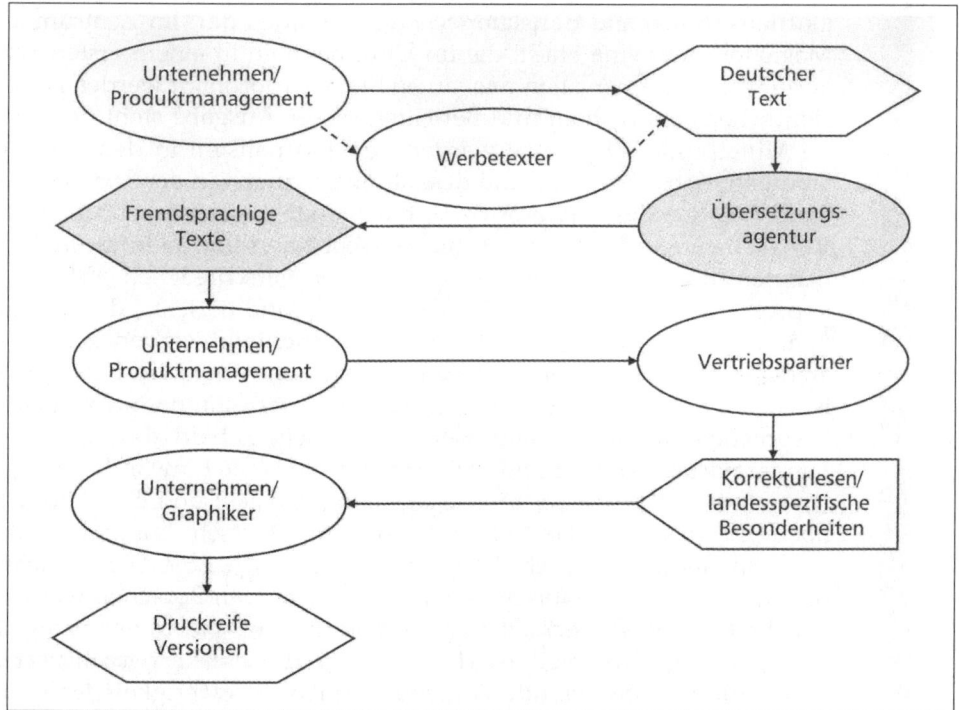

Abbildung 7: Werbeablauf 1

Das Fallbeispiel ist in ungekürzter Form in *Translation in der internationalen Marketingkommunikation* (Framson: 2007) nachzulesen.

Dieser relativ einfache Ablauf ist typisch für kleinere und mittelständische Unternehmen. In Zusammenarbeit mit einer Werbeagentur oder einem Texter wird zuerst eine deutsche Version erstellt, in weiterer Folge wird die Übersetzung an eine Übersetzungsagentur übergeben, wobei dieser Schritt oft direkt vom Unternehmen getätigt wird, und die Fertigstellung erfolgt wiederum in der Werbeagentur oder alternativ dazu durch einen Graphiker im Unternehmen.

Im internationalen Unternehmen mit Länderniederlassungen ergeben sich aufgrund der größeren Anzahl der Involvierten bzw. der zu Involvierenden langwierigere Abläufe.

Ein deutscher Autohersteller mit globaler Präsenz und vielen Länderniederlassungen veröffentlicht ein Kundenmagazin, bei dem es primär darum geht, zu den (potentiellen) Kunden eine gute Beziehung aufzubauen und ein Gemeinschaftsgefühl zu schaffen. Die Verantwortlichen und „Drahtzieher" für dieses Projekt sitzen im Unternehmen (*Brand Communication Team*), ein Verlagshaus stellt die Plattform für alle journalistischen and translatorischen Aktivitäten dar. Im Zentrum jedes Magazins steht eine Stadt, die im Unternehmen in einem ersten Schritt ausgewählt und von allen relevanten Stellen approbiert werden muss. In sämtlichen Geschichten und Berichten dieser Ausgabe steht diese Stadt im Mittelpunkt. Die Texte werden von Journalisten in den jeweiligen Städten geschrieben und sind deshalb meist zuerst in der Sprache dieser Stadt (des Landes) verfasst (z. B. Barcelona – Spanisch). Im bzw. vom Verlagshaus werden die Texte ins Deutsche übersetzt, damit sie im Unternehmen diskutiert und wiederum von den verschiedenen Abteilungen approbiert werden können. Die Geschichten und Berichte, die im Unternehmen für das Magazin ausgewählt und genehmigt werden, gehen dann an den Verlag zurück und werden ins Englische übersetzt. Dieser Schritt ist notwendig, da die Texte auch von den Länderbüros gelesen, besprochen und approbiert werden müssen. Sobald das Ja von den Ländermärkten kommt und es von ihrer Seite keine Einwände mehr gibt, werden die Texte wieder ins Verlagshaus geschickt und in die Sprachen übersetzt, in denen das Magazin erscheint: Deutsch, Englisch, Französisch, Spanisch, Italienisch, Arabisch und Japanisch. Eine Ausnahme wird bei Japanisch und Arabisch gemacht. Diese beiden Sprachen werden in den Länderbüros übersetzt und formatiert bzw. die Übersetzung und Formatierung wird von diesen beiden Länderbüros selbst organisiert. Als Grund für das differierende Vorgehen wird die Schwierigkeit der Sprache und der Formatierung angegeben. Die landessprachlichen Texte (außer Arabisch und Japanisch, denn da ist dieser Schritt überflüssig) werden dann wiederum an die entsprechenden Länderniederlassungen gesandt, wo sie nochmals gelesen werden. Gibt es von Seiten der Länderbüros

keine Einwände mehr, dann kann der Verlag die weiteren Schritte zur
Umsetzung tätigen bzw. die Texte veröffentlichen. Die wichtigsten
Schritte des komplexen Prozesses werden in *Abbildung 8* graphisch
dargestellt.

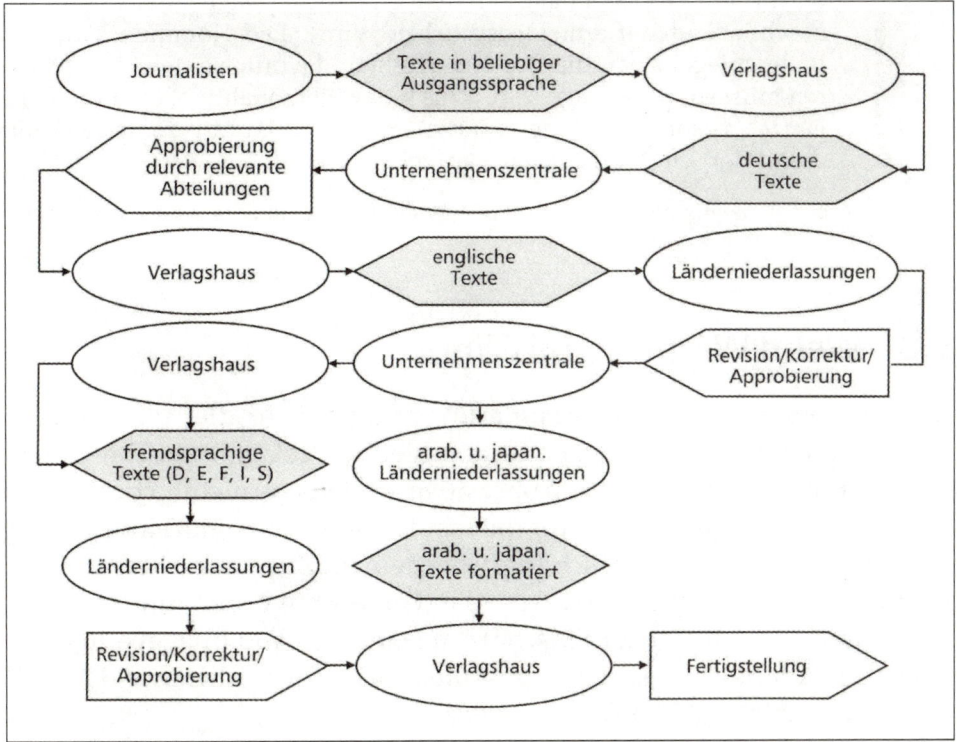

Abbildung 8: Werbeablauf 2

Es kommt im Entstehungsprozess dieses Magazins mehrmals zu Trans-
lationsprozessen, die vom Verlag übernommen werden. Im Unternehmen weiß man nicht genau, wer die Texte übersetzt, aber da es sich um
einen renommierten Verlag handelt, der auch ein bekanntes Reise-
magazin in mehreren Sprachen veröffentlicht, verlässt man sich hier ganz
auf die Kompetenz dieses Partners. Man wünscht zwar ausdrücklich,
dass immer die gleichen Personen die Übersetzungen machen – vor-
ausgesetzt man ist damit zufrieden – um eine Kontinuität im Kommunikationsstil zu gewährleisten, aber es ist für die Verantwortlichen im
Unternehmen sekundär, ob die Texte verlagsintern adaptiert oder von
diesem wiederum ausgelagert werden. Kontakt mit den Translatoren
wird nicht gewünscht, man glaubt, dass der externe Partner mit den
Translatoren besser kommunizieren kann als das Unternehmen. Man
sieht im direkten Kontakt mit den Translatoren keinen Wert.

> Da es sich bei den Texten primär um Lifestyle-Themen handelt und man eine sehr genau definierte Zielgruppe hat, die als jung (geblieben), weltoffen, kreativ, abenteuerlustig etc. beschrieben wird, ist es ganz wichtig, dass diese nicht nur auf thematischer Ebene sondern auch auf sprachstilistischer richtig angesprochen wird. Gleichzeitig geht es auch darum, ein Produktimage aufzubauen und zu pflegen (ein Thema, das im anschließenden Kapitel besprochen wird). Die Kommunikation muss widerspiegeln, was die Marke darstellt und wofür sie steht. Die Translatoren müssen in der Lage sein, „this whole personality of the brand" (diese ganze Persönlichkeit der Marke) in die Zielkultur zu transportieren, damit dort ein Markenimage aufgebaut werden kann.

Das Fallbeispiel ist in ungekürzter Form in *Translation in der internationalen Marketingkommunikation* (Framson: 2007) nachzulesen.

5.8   Wenn Werbung misslingt

Nicht immer gelingen die Adaptierungsprozesse für die fremden Märkte. Die Gründe können dabei ganz unterschiedlich gelagert und im Unternehmen zu finden sein, sie können aber auch an den (vermeintlichen) Experten liegen, die an der Umsetzung für die Ländermärkte beteiligt sind. Im Folgenden wird ein Fallbeispiel geschildert, bei dem im Zuge der Übersetzung Fehler auftraten, die leider erst zu spät bemerkt wurden und so für das Unternehmen nach eigener Einschätzung einen großen Imageverlust bedeuteten. Der Adaptierungsprozess gestaltete sich sehr ähnlich wie der in *Abbildung 7* dargestellte Ablauf.

> Das Unternehmen, ein österreichischer Erzeuger von pharmazeutischen Produkten, veröffentlichte einen großformatigen Bildkalender für seine Kunden – Ärzte, Krankenhäuser etc. Im Kalender dominierte das Bildmaterial, auf die Bilder wurden jeweils kurze Texte in den Sprachen Deutsch, Englisch, Französisch und Spanisch aufgedruckt, wobei für die einzelnen Sprachen nicht eigene Exemplare hergestellt wurden, sondern sich alle Sprachen auf einem Kalender befanden. Der Ablauf gestaltete sich so, dass die deutschen Texte und das Bildmaterial in einem ersten Schritt in Zusammenarbeit mit einer Werbeagentur erstellt wurden. Sobald eine finale deutsche Version des Kalenders inklusive Bildern vorlag, wurde sie an eine Übersetzungsagentur gesandt. Im Unternehmen war man sich der Tatsache bewusst, dass die Translatoren wohl auch die Bilder sehen sollten, zu denen sie die fremdsprachigen Texte schreiben würden und es wurde betont, dass dies auch geschah. Weiters bestand man von Unternehmensseite darauf, dass die Texte in allen Sprachen von drei Muttersprachlern bearbeitet werden würden, da man

ein hochqualitatives Endprodukt wollte. Schriftlich wurde dies jedoch nicht vereinbart.

Als die Texte in Form von Word-Dateien an das Unternehmen zurückkamen, wurden sie von diesem an die Werbeagentur weitergeleitet und dort eingezeichnet. Die vorläufige Druckversion des Kalenders wurde nach Bearbeitung durch die Graphik erneut an die Übersetzungsagentur gesandt, wo die Texte nochmals Korrektur gelesen wurden. Offensichtlich gab es zu diesem Zeitpunkt noch ein paar kleine Änderungen, diese wurde behoben, und das Übersetzungsbüro gab im Hinblick auf die Texte die Freigabe. Der Kalender wurde gedruckt und dann an die Ländermärkte geschickt.

Die Ländermärkte hielten die Kalender zu diesem Zeitpunkt zum ersten Mal in Händen. Unmittelbar danach kamen von Seiten der Länder Einwände, dass der französische Text Fehler enthielt. Diejenigen Länder, deren Kunden französischsprachig waren, wollten den Kalender nicht an ihre Kunden weitergeben. Die Angelegenheit bedeutete für das Unternehmen in den entsprechenden Märkten einen großen Schaden – „eine Katastrophe". Man sprach im Kalender mehrmals von Qualität, eine Qualität, die offensichtlich in den französischen Texten nicht zu finden war. Im Unternehmen wurde betont, dass – sei es nun in der Arztpraxis oder im Krankenhaus – an der Wand, an der sich sonst der Kalender des Unternehmens befindet, jetzt der Kalender eines anderen Unternehmens hängt. Somit sei die Werbewirkung völlig verfehlt. Mit der verfehlten Werbewirkung ging auch ein Imageverlust einher, nicht nur bei den Kunden, sondern auch bei den Länderbüros.

Im Hinblick auf die Qualitäten der Translatoren glaubte man sich gut aufgehoben, da man sich ja an ein Übersetzungsbüro, also eine Experteninstitution gewandt hatte. Man betonte im Unternehmen auch, dass man die Qualität der Übersetzer, deren Ausbildung und Kompetenzen, nicht hinterfragt habe, da man diese Dinge als Auftraggeber nur schwer überprüfen könne, man hätte sich da eben auf die Agentur verlassen. Man sei auch der Meinung, dass man das als Auftraggeber nicht müsse, wenn man sich an eine professionelle Agentur wendet.

Was das Finanzielle betrifft, so war man über den geringen Preis (490 Euro) eher überrascht und wäre auch bereit gewesen, eine höhere Summe zu bezahlen. Von Unternehmensseite wurde betont, dass sich die Gesamtkosten für einen großformatigen Bildkalender dieser Art auf sehr große Beträge belaufen und die Übersetzung wirklich nur einen Bruchteil ausmache. Über Geld würde man mit einem Übersetzungsbüro sicher nicht streiten. Man will gute Arbeit.

Das Fallbeispiel ist in ungekürzter Form in *Translation in der internationalen Marketingkommunikation* (Framson: 2007) nachzulesen.

Wie das geschilderte Fallbeispiel zeigt, sind Probleme im Ablauf der Werbe-konzeption und -umsetzung in der Praxis auch Teil der Realität, und sie ha-ben für die werbenden Unternehmen und die beworbenen Produkte nachteilige Auswirkungen – trotz hohen finanziellen Aufwands wird das Werbeziel nicht erreicht und es kommt zu einem Imageverlust sowohl außer-halb als auch innerhalb des Unternehmens, der langfristige Auswirkungen haben kann. Das Beispiel zeigt die Bedeutung funktionierender und qualita-tiv hochwertiger Kommunikation für den Erfolg oder Misserfolg von Unter-nehmen und Produkten. Die Frage der Schuldzuweisung drängt sich, wie immer, wenn etwas schief läuft, auf, zu ihrer Klärung fehlen aber Informatio-nen, die nicht zur Verfügung stehen. Was anhand der Aussagen der Mitarbei-terin des portraitierten Unternehmens aber deutlich wird, ist die Verantwortung der involvierten Kommunikationsexperten (Übersetzer, Ko-ordinatoren) und Experteninstitutionen (Agenturen), da die Auftraggeber sich darauf verlassen (müssen), dass die Produkte (Texte), die sie geliefert be-kommen, qualitativ auf einem Niveau sind, das der beabsichtigten Verwen-dung der Translate (in diesem Fall war das die Publikation für den internationalen Markt) gerecht wird.

5.9   Kapitelzusammenfassung

- Die der Marketingkommunikation zur Verfügung stehenden Instrumen-te werden als Kommunikations-Mix bezeichnet.

- Zum Kommunikations-Mix gehören die Werbung, der persönliche Ver-kauf, die Verkaufsförderung, das Direktmarketing und die Öffentlich-keitsarbeit. Aufgrund der Arbeit mit Texten sind die Werbung und das Direktmarketing als Instrumente für Kommunikationsexperten von be-sonderer Bedeutung.

- Die Entwicklung eines effizienten Kommunikationskonzeptes bedarf ei-niger wichtiger Schritte. Die Bestimmung der Zielgruppe und des Kom-munikationszieles sind dabei von besonderer Bedeutung.

- Die Werbung ist ein bezahltes Kommunikationsinstrument, das durch ei-nen identifizierbaren Absender geschieht und oft über die Massenme-dien erfolgt.

- Der Werbung wird sowohl eine informierende als auch eine beeinflussen-de Komponente zugesprochen. Werbung kann entweder primär auf Emotionen ausgerichtet sein oder auf rationaler Ebene erfolgen.

- Die große Herausforderung bei der internationalen Werbung ist die, dass die Faktoren, die im Inland gelten, nicht unbedingt auf das Ausland übertragen werden können, sondern jeder Aspekt neu geprüft werden muss, angefangen vom Werbeziel bis zur Verfügbarkeit der Medien.

- Die Sprache stellt eine große Werbebarriere dar. Die Übersetzung von Werbetexten erfordert viel Kreativität und ein hohes Maß an Expertentum. Werbetexte, die formal richtig übertragen wurden, können leicht das Kommunikationsziel verfehlen, wenn der kulturelle Hintergrund nicht in Betracht gezogen wird.

- Zur Konzeption und Umsetzung von Werbung ziehen viele Unternehmen Werbeagenturen hinzu. Diese übernehmen dann auch die kulturelle/sprachliche Adaptierung an die fremden Märkte.

- Im internationalen Unternehmen können auch die Länderniederlassungen hinsichtlich des Adaptierungsprozesses eine wichtige Rolle spielen.

- Werbung, die misslingt, bedeutet für das werbende Unternehmen große finanzielle und Imageverluste. Kommunikationsexperten tragen deshalb auch eine große Verantwortung im Hinblick auf die Qualität der von ihnen gelieferten Texte.

5.10 Quellen und weiterführende Literatur

Czinkota, Michael R. & Ronkainen, Ilkka A. 2001. *International Marketing*. Fort Worth, Tex. (u. a.): Dryden Press.

Czinkota, Michael R. & Ronkainen, Ilkka A. & Moffett, Michael H. 1999. *International Business*. Fort Worth, Tex. (u. a.): Dryden Press.

Framson, Elke A. 2007. *Translation in der internationalen Marketingkommunikation. Funktionen und Aufgaben für Translatoren im globalisierten Handel.* Tübingen: Stauffenburg.

Kotler, Philip & Armstrong, Gary & Saunders, John & Wong, Veronica. 2007. *Grundlagen des Marketing.* München: Pearson Studium.

Meffert, Heribert & Bolz, Joachim. 1994. *Internationales Marketing-Management.* Stuttgart: Kohlhammer.

6 Kommunikation in der Produktpolitik

6.1 Das Produkt als Kern der Unternehmung

Das abzusetzende Produkt ist der Kern der Unternehmung. Der Erfolg der internationalen Tätigkeit eines Unternehmens hängt davon ab, wie gut das Produkt die Kundinnen anspricht und deren Bedürfnisse zu erfüllen imstande ist. Unternehmen müssen die potentiellen Käuferinnen über die Existenz ihrer Produkte informieren, die Vorteile ihrer Produkte gegenüber anderen Produkten hervorheben und positive Gefühle in Bezug auf ihre Produkte aufbauen. Das geschieht zum Großteil im Rahmen der Kommunikationspolitik mit den Instrumenten des Marketing-Mix, die sowohl informierende als auch beeinflussende und überzeugende Funktionen haben. Sie müssen die Käuferinnen aber auch über die Produkteigenschaften informieren, darüber, wie das Produkt funktioniert bzw. zu gebrauchen ist und was sie tun sollen, wenn ein Problem auftritt. Das geschieht vorwiegend im Rahmen der Produktpolitik.

Zu Beginn des Manuals wurde der Begriff Produkt bereits definiert und so beschrieben, dass es sich dabei sowohl um ein physisch greifbares Produkt handeln kann, als auch um Personen, Räumlichkeiten, Ideen und Dienstlei-

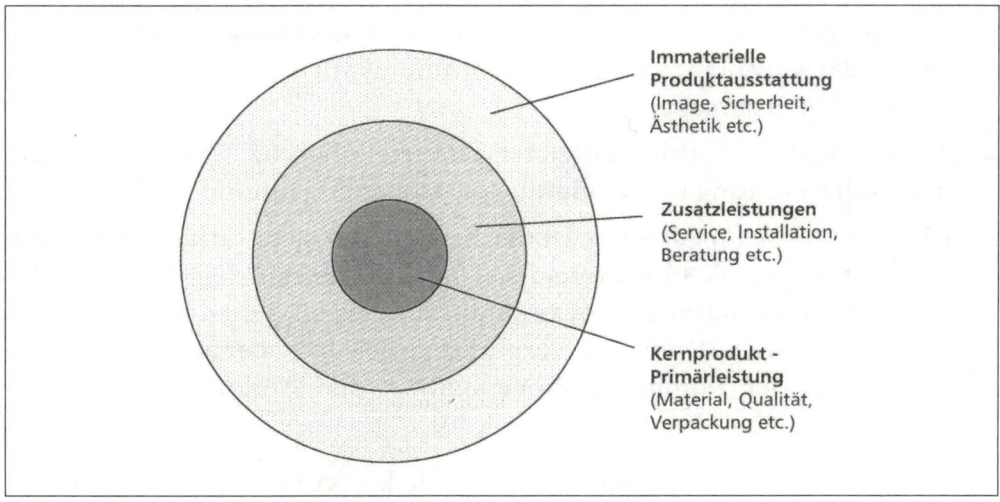

Abbildung 9: Ebenen des Produktes

stungen. Wenn wir im Folgenden darüber sprechen, wie Produkte selbst kommunizieren, engen wir den Produktbegriff zunächst etwas ein und reduzieren ihn auf physisch greifbare Produkte verpackt in einer physisch greifbaren Verpackung versehen mit verbalen Aufschriften, da der Produkt- und Produktverpackungsbereich im internationalen Kontext einen großen und wichtigen Aufgabenbereich für Kommunikationsexpertinnen darstellt. Ein Produkt kann so betrachtet grundsätzlich in drei Teile eingeteilt werden, nämlich das *Kernprodukt*, die *Zusatzleistungen* und die *immaterielle Produktebene*. Auf allen drei Ebenen spielt Kommunikation eine Rolle. Diese Ebenen werden in *Abbildung 9* (S. 75) bildlich dargestellt, wie das Produkt selbst kommuniziert, wird im Anschluss besprochen.

6.2   Kommunikative Elemente am Produkt

Das Produkt selbst kommuniziert in verschiedener Hinsicht mit den (potentiellen) Kundinnen. Grundsätzlich erfolgt die Kommunikation entweder visuell oder verbal. Auf visueller Ebene spielen das Produkt- und Verpackungsdesign, die verwendeten Formen, Symbole und Farben eine Rolle, auf verbaler Ebene alles, was am Produkt selbst und an seiner Verpackung mit Wörtern kommuniziert – das reicht von den Befehlen einer Software über den Beipackzettel eines Medikaments bis hin zum Namen des Produktes. Im Hinblick auf die Produktebenen können in allen drei Bereichen kommunikative Elemente identifiziert werden.

- Im Hinblick auf das *Kernprodukt* können wir z. B. auf die Befehle eines Software-Produktes hinweisen oder auch auf einen Roman. Zum Kernprodukt gehört aber auch seine Verpackung, und diese enthält zumeist eine große Anzahl verschiedenster kommunikativer Elemente – Symbole, Namen, Inhaltsangaben etc.

- Auf Ebene der *Zusatzleistungen* ist die Erstellung von Texten zur Bedienung oder Wartung der Produkte von großer Bedeutung.

- Die *immaterielle Produktebene* ist der Bereich, der sich stark mit der Kommunikationspolitik überschneidet. Hier geht es um den Ruf oder das Image des Produktes, das sowohl mit produktpolitischen Elementen beeinflusst wird – z. B. mit dem Verpackungsdesign – aber auch mit den Instrumenten der Kommunikationspolitik – der Werbung, der Öffentlichkeitsarbeit etc.

Da sowohl das Visuelle als auch das Verbale kulturell verankert sind, sind Unternehmen im Hinblick auf ihre Produktpolitik ständig mit der Frage konfrontiert, in welchem Maße sie ihre Produkte und die damit einhergehenden Maßnahmen – die Produktliteratur, die Verpackung etc. – standardisiert bzw. lokalisiert auf den Zielmärkten einsetzen können. *Produktadaptierung* bzw. *-lokalisierung* bedeutet, dass zum bestehenden Produkt Varianten geschaffen werden, die sich in einer oder mehreren Eigenschaften vom Originalprodukt unterscheiden. *Produktstandardisierung* bedeutet, dass das Produkt in allen Aspekten unverändert auf den unterschiedlichen Ländermärkten angeboten wird.

Die Entscheidung zwischen Standardisierung und Lokalisierung ist aufgrund bestehender gesetzlicher Vorgaben oder Marktgegebenheiten nicht immer eine freiwillige. Ein Fernsehgerät-Hersteller wird nicht umhin können, gewisse technische Aspekte seiner Kern-Produkte an die unterschiedlichen Märkte anzupassen, da die Geräte sonst von den dortigen Käuferinnen nicht in Betrieb genommen werden können. Ein Software-Erzeuger wird sein Kernprodukt adaptieren müssen, damit die Abnehmerinnen in den Märkten mit der Software arbeiten können. Ein Hersteller von pharmazeutischen Produkten muss den Beipackzettel zu seinem Medikament adaptieren, da sonst weder ein lokale Registrierung dieses Medikaments noch eine sichere Verwendung durch Ärztinnen und Patientinnen möglich ist (siehe Beispiel unter 6.4).

Produktanpassungen sind häufig eine Frage der Notwendigkeit, oft sind es aber auch gewisse in einem Markt vorherrschende Vorlieben oder Geschmacksunterschiede, die eine Anpassung sinnvoll erscheinen lassen. Das kann besonders im Lebensmittelbereich zutreffen, wo Produkte z. B. aufgrund ihrer Süße oder Schärfe verändert werden, um den unterschiedlichen Vorlieben Rechnung zu tragen. In Kapitel 2 wurde bereits davon gesprochen, dass die Inhaltsstoffe des *Coca-Cola* Produktes *Fanta* nicht in allen Märkten gleich sind. Aber auch in anderen Bereichen, wie der Automobil-Industrie, wird auf die Vorlieben des Marktes geachtet, und so sind z. B. Fahrzeuge nicht in allen Märkten in den gleichen Farben erhältlich oder Farben haben unterschiedliche Schattierungen. In welchem Maße eine Adaptierung nötig ist, hängt von der Art des Produkts und ab und davon, wie unterschiedlich der Zielmarkt vom Herkunftsmarkt ist. Die Produktlokalisierung hat in den letzten Jahren viele neue Aufgabenbereiche für Kommunikationsexpertinnen geschaffen, wie z. B. die *Software-Lokalisierung* oder das *Technical Writing* und *Editing*. Manche Unternehmen berücksichtigen unterschiedliche Ländergegebenheiten bereits in der Entwicklungsphase ihrer Produkte und schaffen so von vornherin Voraussetzungen, die das benötigte Adaptierungsausmaß reduzieren.

Grundsätzlich werden Anpassungen an lokale Gegebenheiten und Vorgaben am Kernprodukt und an den Zusatzleistungen vorgenommen. Diese sollen sicherstellen, dass das Produkt in den neuen Markt integriert werden kann. Die immaterielle Produktebene, das Image des Produktes, wird von Unternehmensseite meist dahingehend beeinflusst, dass es global einheitlich ist. Das bedeutet, dass Maßnahmen, die der Förderung des Produktimages dienen sollen, zwar insofern angepasst werden müssen, dass sie bei den Zielgruppen ankommen können, gleichzeitig müssen sie aber so konzipiert sein, dass in den unterschiedlichen Ländern ein ähnliches oder das gleiche positive Bild entsteht.

6.3   Die Verpackung des Produktes

Produktverpackungen werden fast immer für die Zielmärkte adaptiert. Einer der Hauptgründe, nämlich die in diesem Bereich bestehenden gesetzlichen Vorgaben, wurde bereits genannt. Die in einem Land existierenden Vorschriften führen z. B. dazu, dass verbale Angaben auf der Verpackung in der Zielmarktsprache angegeben werden. Das betrifft sowohl den Inhalt, die Gewichtsangaben, Gebrauchshinweise etc., aber auch Warn- und Sicherheitshinweise. Wird die Warnung, dass bei einem Produkt für Kinder Verschluckungsgefahr herrscht, nicht in der Landessprache angegeben, kann dies für das Unternehmen schwere rechtliche Folgen haben. Bei der Verpackungsadaptierung geht es jedoch nicht nur darum, die Aufschriften zu übersetzen. Hier herrschen hinsichtlich der Angaben, die auf der Verpackung angegeben sein müssen, zwischen den Ländermärkten auch unterschiedliche Regelungen, die wiederum häufigen Änderungen unterliegen. Die Bedeutung korrekter Informationen auf Produktverpackungen wird von einem Manager in einem großen Lebensmittelkonzern so auf den Punkt gebracht: „Zero risk on the pack!" Man könne, was die Verpackung betrifft, kein Risiko eingehen, da die Konsequenzen schwerwiegend und teuer seien. Inkorrekte Informationen können dazu führen, dass Produkte verspätet auf den Markt kommen oder wieder von den Regalen genommen werden müssen.

Angepasst werden jedoch nicht nur die verbal-kommunikativen Elemente der Verpackung, sondern auch Symbole, Farben und Aspekte wie die Verpackungsgröße und die Verpackungsart. Das ist wiederum auf verschiedene Marktgegebenheiten im Hinblick auf Klima, Infrastruktur, Einkaufsgewohnheiten etc. zurückzuführen. Die Verpackung erfüllt ja auch eine Schutzfunktion und die Art der Verpackung muss möglicherweise auch an infrastrukturelle und klimatische Gegebenheiten angepasst werden, um dieser Aufgabe – nämlich das Produkt selbst zu schützen – gerecht zu werden. Holprige Straßen und ein feuchtes, heißes Klima erfordern in vielen Fällen eine andere Verpackung von Produkten als ein gut ausgebautes Netzwerk an Straßen und trockenes, kühles Klima. Auch die unterschiedlichen Einkaufsgewohnheiten müssen berücksichtigt werden. In manchen Ländern oder Regionen erledigt man den Einkauf vorwiegend mit dem Auto, man kauft eher auf Vorrat und bevorzugt daher größere Packungen. In anderen Kulturen ist es üblich, häufige und kleinere Einkäufe zu machen, die zu Fuß erledigt werden. Diese unterschiedlichen kulturellen Einkaufsgewohnheiten sind wiederum auf andere Gründe zurückzuführen, wie z. B. die Größe der Häuser und Wohnungen, denn große Packungen sind in Ländern, in denen die Menschen auf sehr kleinem Raum wohnen, nicht möglich. Die Identifizierung all dieser Aspekte gehört ebenfalls zu den Aufgaben der Marktforschung (siehe 4.2).

Zwei für die Arbeit von Kommunikationsexpertinnen höchst relevante Funktionen der Verpackung sind die bereits genannte Funktion der *Information* und die ebenso wichtige Funktion der *Werbung*. Verpackungen enthalten oft mehrere Texte, die vorwiegend dem informativen und dem appellativen Texttyp angehören. Verpackungen enthalten Informationen zu Inhalt und Gebrauch und liefern Hinweise und Daten, die wichtig sind für die richtige und sichere Verwendung des Produktes. Die Verpackung erfüllt in dieser Hinsicht einen informativen Zweck. Der Informationsgehalt der Verpackung beeinflusst aber auch das Kaufverhalten. Die Produkteigenschaften, die auf der Verpackung angegeben sind, können entscheidend dafür sein, ob eine potentielle Käuferin das Produkt kauft oder nicht. Nicht nur die Eigenschaften selbst, sondern auch die Art und Weise der Präsentation spielt eine Rolle. Produkteigenschaften, wie z. B. Inhaltsstoffe oder Nährwertangaben, und Gebrauchshinweise werden von vielen Konsumentinnen vor dem Kauf gelesen und müssen klar und verständlich sein. Die (potentiellen) Käuferinnen ziehen aus diesen Angaben Schlüsse auf das Produkt – schlecht verständliche oder gar fehlerhafte Informationen beeinflussen den Eindruck im Hinblick auf das Produkt und können auch vom Kauf abhalten. Vor allem aber können fehlerhafte Informationen, wie schon oben erwähnt, zu einer Gefahrenquelle für Käuferinnen (Sicherheit) und Herstellerinnen (Haftung) werden.

Neben der informierenden Funktion der Verpackung erfüllt diese aber auch den Zweck der Werbung. Dabei muss die Verpackung als Gesamtes den in einer Kultur gültigen Vorstellungen sowohl von Funktionalität als auch von Ästhetik und Angemessenheit entsprechen. Kurz bevor es zur Kaufentscheidung kommt – im Supermarkt, im Sportgeschäft etc. – ist es neben dem natürlich großen Einfluss des Produktpreises auf die Kaufentscheidung vor allem die Fähigkeit der Verpackung, dem Käufer ins Auge zu stechen und ihn anzusprechen, die letztendlich bestimmt, für welches Produkt aus einer ganzen Reihe an Produkten, die alle den Bedarf zu stillen in der Lage sind, die Käuferin sich entscheidet. Dabei spielen wiederum der Markenname und das Markensymbol eine Rolle, aber auch Design, Ästhetik und Funktionalität der Verpackung. Alle diese Elemente sind kulturell geprägt und erfahren von den Kundinnen in den verschiedenen Ländermärkten eine unterschiedliche Bewertung. Senf oder Mayonnaise in der Tube? – Für uns ist das normal, in den USA hingegen verpackt man diese Produkte lieber in Gläser und Flaschen.

Viele Verpackungen enthalten außer dem Markennamen noch weitere verbale Elemente, die primär appellativen Charakter haben. Wenn ein Fertiggericht mit den Worten „Genuss in Sekunden" beworben wird, dann informiert das die Kundin natürlich über die rasche Zubereitung des Produktes, die Funktion dieser Botschaft erfüllt aber primär den Zweck der Werbung – die Botschaft soll die potentielle Käuferin dazu bringen, das Produkt auch tatsächlich zu kaufen.

6.4 Produkt-Zusatzleistungen

Die Zusatzleistungen zu einem Produkt umfassen u. a. die Installation, die Reparatur und Wartung, Garantien, aber auch Bedienungsanleitungen für die Kundinnen, Installations- und Wartungshandbücher für die Technikerinnen etc. Auch in diesem Produktbereich spielt Kommunikation eine bedeutende Rolle und der Translationsbedarf ist besonders hoch. Wie schon bei der Verpackung gilt auch hier, dass die Adaptierung von kommunikativen Materialien zum Produkt einerseits eine Notwendigkeit, weil gesetzlich vorgegeben, sein kann, dass diese aber auch eine Service-Leistung für die Kunden ist, die einen leichteren und sichereren Gebrauch ermöglicht, sowie eine Sicherheit für die Herstellerin im Hinblick auf die Produkthaftung. Der Werbeaspekt ist in diesem Bereich kaum gegeben.

Im folgenden Fallbeispiel wird der Ablauf einer Produktadaptierung in einem pharmazeutischen Unternehmen beschrieben. Adaptiert werden hier die Verpackungsaufschriften und die Beipackzettel, die eine Form der Zusatzleistung darstellen.

 Das Unternehmen ist eine österreichische Tochterfirma eines großen internationalen Pharma-Konzerns. Es produziert fast ausschließlich im Inland und die Produkte (Medikamente und Inhaltsstoffe) werden weltweit exportiert. Dadurch besteht Translationsbedarf im Hinblick auf die Medikamentenverpackungen und Beipackzettel. Pharmazeutische Produkte können nur dann exportiert werden, wenn die Beipacktexte und die Aufschriften auf den Verpackungen in den Sprachen der Exportmärkte abgefasst sind. Die Zielgruppe der Botschaften (Verpackungsaufschriften, Beipackzettel) umfasst einerseits die Behörden, da pharmazeutische Produkte registriert werden müssen und zu diesem Zweck in einem ersten Schritt eine eigene mehrsprachige Packung hergestellt wird, und andererseits, sobald in einem zweiten Schritt länderspezifische Packungen erstellt werden, Ärztinnen und Patientinnen. Je nach Empfängerinnen- und Ländergruppen gibt es verschiedene Vorgehensweisen, wie die sprachliche Adaptierung abläuft und wer involviert ist. Die erste grobe Unterscheidung, die im Hinblick auf die Verpackungsadaptierung gemacht wird, ist die Einteilung des Zielmarktes in

1. den „EU-Markt" und
2. den „Rest-of-the-World-Markt".

Die Verpackungsadaptierung der Produkte für den EU-Markt wird zur Gänze von den diversen Länderbüros übernommen. Hier kommt die bereits eingangs erwähnte Konzernstruktur – der Mutterkonzern hat weltweit Länderbüros („Offices") – zum Tragen. Die Adaptierung für die „restlichen Länder der Welt" läuft etwas anders ab und folgt einem Protokoll, das die Involvierung der Unternehmenszentrale (der österreichischen Tochter) und von Translationsdienstleisterinnen vorsieht. Der Ablauf für diese Gruppe lässt sich in zwei große Schritte unterteilen. Der erste Schritt ist die Herstellung einer internationalen Verpackung, mit der das Produkt in den Ländern registriert werden kann. Nach der Registrierung folgt der zweite Schritt, nämlich die Herstellung einer landesspezifischen Verpackung.

Die „internationale Ausstattung" – das Produkt inklusive Verpackung und Beipacktexte – ist in den Sprachen Englisch, Französisch und Spanisch abgefasst, wobei alle drei Sprachen auf einer Verpackung bzw. einem Beipackzettel sind. Die englischen und spanischen Übersetzungen werden von einem Übersetzungsbüro angefertigt, die französische Übersetzung wird direkt an eine Translatorin vor Ort vergeben. Wie bereits erwähnt, dient diese Packung Registrierungszwecken „und wenn das dann registriert ist, dann wird die landesspezifische Packung nachgezogen." Der Ablauf im Hinblick auf die Übersetzung in die einzelnen Landessprachen ist weniger genau festgelegt und wird wieder von den Länderbüros übernommen. Ob das in den Ländern von professionellen Translatorinnen gemacht wird oder nicht, ist in der Unternehmenszentrale nicht in jedem Fall bekannt und wird auch nicht hinterfragt: „Das, glaube ich, ist dann verschieden von Land zu Land. Das hängt von der Größe des Büros ab ... deswegen bin ich da jetzt ehrlich gesagt nicht ganz informiert – machen sie das selber intern oder wird das weitergegeben an ein Übersetzungsbüro."

So wie bei den Texten für den EU-Markt wird lediglich der Inhalt des Beipackzettels übersetzt, in der Unternehmenszentrale werden die Texte dann „weiter verarbeitet" und die Beipackzettel und Verpackungen erstellt: „Mit diesem File erstellen wir dann den Beipacktext bzw. nehmen aus dem Beipacktext die entsprechenden Stellen oder Texte, die wir dann auch für Faltschachteln, für Blister oder für die kleinen Etiketten verwenden." Nach der Einzeichnung werden die druckreifen Dateien nochmals in die Länderbüros gesandt, wo sie Korrektur gelesen werden. Die Länderbüros geben dann eine offizielle Approbierung ab und übernehmen somit die Verantwortung für die sprachliche Korrektheit.

Der Weg vom Ausgangstext, der zumeist auf Deutsch vorliegt, bis hin zur landesspezifischen Verpackung für den „Rest-of-the-World-Markt" wird hier bildlich dargestellt.

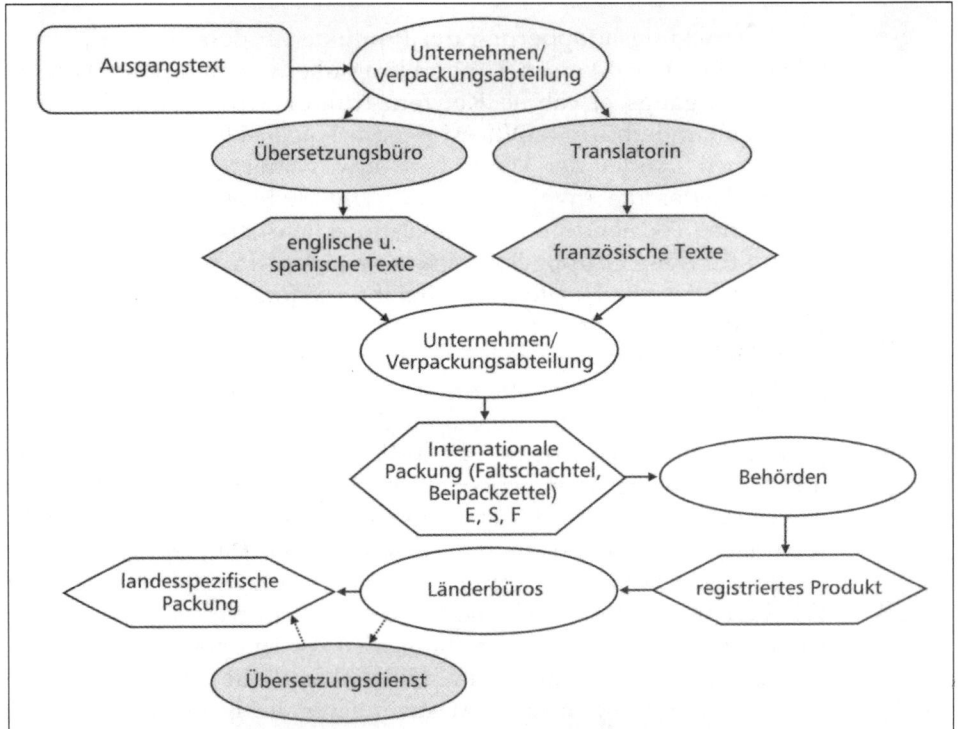

Abbildung 10: Verpackungsadaptierung in einem internationalen Unternehmen

Das Fallbeispiel ist in ungekürzter Form in *Translation in der internationalen Marketingkommunikation* (Framson: 2007) nachzulesen. Die im Text gekennzeichneten Stellen sind Zitate aus dem im Rahmen der Informationserhebung durchgeführten Interview mit einer Mitarbeiterin und einem Mitarbeiter des Unternehmens.

In dem geschilderten Fall ist Translation ein wichtiges Element und stellt einerseits und in erster Linie eine gesetzlich vorgegebene Notwendigkeit dar, ohne die das Unternehmen nicht international tätig sein und seine Produkte weltweit absetzen könnte, sie ist aber natürlich auch eine Leistung für die Kundinnen, ohne die diese das Produkt nicht sicher anwenden könnten. Die starke Miteinbeziehung der Länderniederlassungen ist typisch für das global operierende Unternehmen.

Im Unternehmen im Fallbeispiel wendet man sich an eine Experteninstitution, um die Adaptierungen durchführen zu lassen. Man ist sich zwar nicht genau bewusst, welche Fähigkeiten eine Expertin ausmachen – genannt werden im Gespräch auf diese Frage hin *Muttersprachlichkeit* und *Fachkompetenz* – aber ein Bewusstsein für die Notwendigkeit der Miteinbeziehung von Expertinnen ist vorhanden. Dass Unternehmen nicht immer so denken oder dass die Stellen, die sie beauftragen, nicht immer mit Expertinnen besetzt sind, zeigt sich an der großen Anzahl fehlerhafter Texte. Bedienungsanleitungen und Ähnliches sind nicht immer in der besten Qualität abgefasst – es gibt wohl kaum jemanden, der nicht schon eine unverständliche Bedienungsanleitung eines Elektronikgerätes in Händen hielt. In manchen Bereichen ist das vielleicht für die Kundin zwar ein Ärgernis, besonders dann, wenn die Texte so mangelhaft sind, dass es Stunden dauert, bis man das Gerät in Betrieb nehmen kann, in anderen, wie im dargestellten Pharma-Bereich, kann ein fehlerhafter Text viel schwerwiegendere Auswirkungen haben.

6.5 Produkt oder Marke?

Produkte kommunizieren nicht nur über konkrete visuelle und verbale Elemente, sondern sie verfügen auch über eine immaterielle Produktebene. Diese bezeichnet den Ruf des Produktes, seine Fähigkeit, sich von ähnlichen Konkurrenzprodukten zu differenzieren, aber auch die Fähigkeit, psychologische Bedürfnisse zu befriedigen. Heute, da viele Märkte mit oft sehr ähnlichen Produkten überschwemmt sind, hängt der Erfolg der Unternehmung nicht nur vom Produkt selbst, seiner Funktionstüchtigkeit und Qualität ab, sondern auch in sehr hohem Maße von seinem Image. Kaufentscheidungen werden nicht nur von handfesten Überlegungen, wie dem Preis oder der Funktionalität, gelenkt, sondern auch vom Image der angebotenen Produkte beeinflusst. In der österreichischen Tageszeitung „Die Presse" erschien im März 2008 ein Artikel über eine kurz davor durchgeführte Studie zum Thema Luxusmarken mit dem Titel „Luxusmarken: Image geht vor Qualität". Darin wird berichtet, dass 60 Prozent der befragten Österreicher Designer-Waren als Statussymbol ansehen, obwohl fast die Hälfte der Österreicher nicht glaubt, dass diese Produkte höherwertiger sind als Standardmarken. Das Image der Marken ist vielen Käufern von Luxusprodukten wichtiger als die Qualität.

Das Angebot eines Unternehmens ist demnach im Idealfall nicht nur ein Produkt, sondern eine *Marke*. Eine Marke (*Brand*) ist eine Warensorte, die unter einem bestimmten Namen hergestellt wird. Es ist im Sinne von Unternehmen, eine starke Marke mit einem positiven Image (*Brand Image*) aufzubauen, die in Markenpräferenz und Markenloyalität resultieren, da diese Aspekte verkaufsfördernd wirken und es den Unternehmen ermöglichen, ihre Produkte auch zu höheren Preisen zu verkaufen. Unternehmen setzen Maßnahmen, damit ihre Produkte den Status von Marken erreichen.

Alle Maßnahmen, die mit der Markierung von Produkten in Form von Namen, Symbolen und Zeichen verbunden sind, werden Markenmanagement genannt. Der Markenname ist dabei der vokalisierte Teil der Marke, das Markenzeichen der nicht vokalisierte. Markenname und Markenzeichen sind meist ein elementarer Bestandteil der Verpackung. Ein wichtiges Ziel ist das der Differenzierung von den anderen Produkten, der Heraushebung aus der Masse. Markenname und Markenzeichen sollen eine Einzigartigkeit erzeugen, die in einer Präferenz seitens der Kundinnen resultiert. Eine erfolgreiche Marke ist eine, die bei der Kundin eine Kaufpräferenz und Loyalität erzeugt, die auch dann anhält, wenn Konkurrenzprodukte billiger angeboten werden.

Marken vermitteln gewisse Produkteigenschaften und -nutzen, sie verkörpern aber auch eine Kultur und eine Persönlichkeit mit gewissen Werten. So befriedigen sie nicht nur die grundlegenden funktionalen Bedürfnisse der Kundinnen, sondern auch psychologische Bedürfnisse. Marken haben z. B. die Fähigkeit, eine Gruppenzugehörigkeit zu erzeugen, was z. B. besonders im Bereich der Mode zutrifft. Der Kauf und das Tragen gewisser Marken-Kleidungsstücke kann den Kundinnen ein Gefühl der Zugehörigkeit zu einer Gruppe geben oder in einer Gruppe Anerkennung erzeugen.

Die Wahl des geeigneten Markennamens ist eine schwierige aber wichtige Entscheidung im Marketing. Die Stärke und Bedeutung von Markennamen hat sich an mehreren Beispielen gezeigt, wo Markennamen zu Synonymen für ganze Produktgruppen werden. Einige Beispiele dafür sind *Labello* für Lippenpflegestifte, *Uhu* für Flüssigkleber, *Tempo* für Papiertaschentücher, *Post-It* für Haftnotizzettel und *Pampers* für Windeln. Die Markennamen umfassen hier auch die Produkte der Konkurrenz. Damit Markennamen global verwendbar sind und den Status von „Weltmarken" erreichen können, müssen mehrere Voraussetzungen erfüllt sein.

- Der Name muss weltweit leicht aussprechbar sein.

- Produktnamen sollten prinzipiell an den Nutzen und die Vorteile des Produktes erinnern.

- Der Name sollte in allen Sprachen und Kulturen die beabsichtigten Reaktionen und Assoziationen hervorrufen – vor allem aber darf er keine gegensätzlichen Reaktionen hervorrufen (siehe Beispiel unten).

- Der gesetzliche Markenschutz muss in allen Ländern erfüllt sein.

- Letztendlich ist es auch von Vorteil, wenn eine gewisse Einzigartigkeit gegeben ist, damit es nicht zu Verwechslungen mit ähnlichen Markennamen kommt.

Diese Voraussetzungen verdeutlichen, wie schwierig es ist, einen Markennamen für den internationalen Markt zu schaffen. Beispiele für schlecht gewählte oder nicht durchdachte Markennamen gibt es unzählige (z. B. Ricks (1999) *Blunders in International Business*) und manche ergeben unterhaltsame Episoden. Für die betroffenen Unternehmen bedeuten sie jedoch meist einen finanziellen Verlust und haben negative Auswirkungen auf das Image. Das folgende Beispiel zeigt, dass unüberlegte Standardisierung im Hinblick auf den Markennamen in der Zielkultur zu unerwünschten Sinnentstellungen führen kann.

Ende der 90er Jahre kam ein großer internationaler Konzern mit einem auf dem amerikanischen Markt erfolgreichen Deo-Stift für Frauen auf den österreichischen Markt. Das Produkt trägt im Englischen den Namen „Secret", was im Deutschen „Geheimnis" bedeutet, ein Name der sehr gut zu einem Pflegeprodukt passt. Der Markenname wurde für den österreichischen Zielmarkt nicht verändert. Während für einen Teil der potentiellen Abnehmerinnen die Standardisierung des Markennamens wahrscheinlich kein Problem darstellte, war der Name für diejenigen, die nicht die Verbindung zum Englischen herstellten, doch sehr unglücklich gewählt. Deutsch ausgesprochen bekommt das Wort eine völlig andere Bedeutung: „Sekret" – das ist eine Absonderung aus einem Organ oder einer Drüse. Die positiven Assoziationen, die der englische Name hervorruft, sind im Deutschen nicht gegeben, ganz im Gegenteil, die deutsche Aussprache des englischen Wortes „Secret" weckt ein für ein Pflegeprodukt äußerst unpassende und sicherlich nicht wünschenswerte Assoziationen. Das Produkt wurde nach relativ kurzer Zeit wieder vom Markt genommen. Obwohl es unmöglich war, die genauen Gründe für den Produktrückzug festzustellen und diesbezüglich seitens des Unternehmens auch nicht Auskunft erteilt wurde, so kann doch angenommen werden, dass der Markenname eine Rolle gespielt hat. Auch wenn es sich hier nur um eine Vermutung handelt, so kann unabhängig davon doch festgehalten werden, dass die Nicht-Adaptierung des Produktnamens die Assoziationen mit dem Produkt verzerrt und in eine Richtung gelenkt hat, die dem Verkauf nicht dienlich sein konnte.

(Die Informationen stammen aus einem informellen Gespräch mit einer Unternehmens-mitarbeiterin)

Das Markenimage ist der Ruf, den die Marke in der Öffentlichkeit genießt, die bereits erwähnte immaterielle Produktebene. Der Markenname alleine macht natürlich noch keine Marke. Aufgebaut wird das Image sowohl über die Produkteigenschaften, das Produktdesign und das Verpackungsdesign, als auch über die Instrumente der Kommunikationspolitik. Sprachliche Unterschiede gehören in der internationalen Markenpolitik zu den größten Barrieren und erfordern die Miteinbeziehung von Personen, die die Zielkulturen kennen und einschätzen können. Über den Zusammenhang zwischen Kommunikation und dem Image wird im folgenden Kapitel (Öffentlichkeitsarbeit) noch ausführlich gesprochen.

6.6   Viele Aspekte, ein Ganzes

Auch wenn hier die verschiedenen Aspekte der Produkt- und Kommunikationspolitik getrennt voneinander behandelt werden, so soll klargestellt werden, dass das Unternehmen und das Angebot immer als Ganzes betrachtet werden müssen. Die einzelnen Marketing-Bereiche sind miteinander verbunden und müssen so konzipiert sein, dass sie eine stimmige Einheit ergeben. Der Markenname ist nicht zu trennen vom Image des Produktes und ist gleichzeitig Teil der Verpackung und des Verpackungsdesigns. Die Zusatzleistungen sind zwar nicht Teil des Kernproduktes, viele Produkte können jedoch nicht ohne Beschreibungen und Hinweise an die Kundinnen geliefert werden. Wenn die Service-Leistungen eines Unternehmens nicht stimmen, dann wirkt sich das auch auf das Image von Unternehmen und Produkt aus. Name und Design können wiederum nicht von der Kommunikations- und Identitätspolitik abgegrenzt werden, da sie Teil der Identität des Unternehmens sind und mit kommunikativen Maßnahmen gefördert werden.

Das Produkt steht im Mittelpunkt der Kommunikation, die von einem Unternehmen ausgeht, die Kommunikation findet nur statt, weil es ein Angebot, ein Produkt, gibt. Die Kommunikation findet auf verschiedenste Art und Weise statt – einmal ist die Botschaft auf der Verpackung aufgedruckt, ein andermal handelt es sich um ein dem Produkt beigelegtes Handbuch, dann wieder findet die Kommunikation über einen Werbetext in der Zeitung statt. Kommunikation zum Produkt und über das Produkt geschieht in und ausgehend von verschiedenen Unternehmensabteilungen. Kommunikation dient dazu, die potentiellen Kundinnen über die Existenz des Produktes und seine Eigenschaften zu informieren. Viele der auf den ersten Blick rein informativen Elemente dienen aber gleichzeitig auch der Förderung und positiven Darstellung des Produktes und sind somit nicht nur informativ sondern auch beeinflussend. Die Komplexität der kommunikativen Abläufe zum Angebot eines Unternehmens ist sehr hoch, die zentralen Elemente – Unternehmen und Produkt, Anbieterin und Angebot – bleiben immer gleich.

6.7 Kapitelzusammenfassung

- Das Produkt ist der Kern der Unternehmung. Der Erfolg von Unternehmen hängt davon ob, wie gut ihr Angebot die funktionalen und psychologischen Bedürfnisse der Kundinnen befriedigen kann.

- Das Produkt kommuniziert in vielerlei Hinsicht. Wichtig für Kommunikationsexpertinnen sind vor allem die Verpackung und die Produktliteratur.

- Auf internationalen Märkten gilt es, die grundlegende Frage Standardisierung oder Lokalisierung zu klären.

- Eine völlige Standardisierung der Produktpolitik ist zumeist aufgrund gesetzlicher und landesspezifischer Gegebenheiten nicht möglich.

- Eine umfassende Lokalisierung hingegen ist sehr teuer und nicht unbedingt sinnvoll, wenn man einen einheitlichen internationalen Auftritt anstrebt. Deshalb verfolgen viele Unternehmen eine Mischstrategie.

- Anpassungen finden am Kernprodukt statt (z. B. Software), an der Verpackung und Etikettierung und an den Zusatzleistungen (z. B. Bedienungsanleitungen), sowohl in visueller als auch verbaler Hinsicht.

- Die Verpackung erfüllt wichtige (kommunikative) Funktionen – Schutz, Komfort, Information und Werbung.

- Das Markenmanagement nimmt einen wichtigen Platz in der Produktpolitik ein. Viele Unternehmen sind bestrebt, auch auf internationaler Ebene gute Marken aufzubauen, da diese Kaufpräferenz und Loyalität bewirken und so einen Schutz gegen Konkurrenzprodukte darstellen.

- Die Wahl des geeigneten Markennamens, der auch auf den internationalen Märkten funktioniert, ist dabei ein essentieller Schritt, der kulturelles Wissen und Einfühlungsvermögen verlangt.

- Die Aufgaben und Ziele der Produkt- und der Kommunikationspolitik können nicht klar voneinander abgegrenzt werden. Sie überlappen sich, da es immer um die zentralen Elemente Unternehmen und Angebot geht.

6.8   Quellen und weiterführende Literatur

Czinkota, Michael R. & Ronkainen, Illka A. 2001. *International Marketing.* Fort Worth, Tex. (u. a.): Dryden Press.

Czinkota, Michael R. & Ronkainen, Illka A. & Moffett, Michael H. 1999. *International Business.* Fort Worth, Tex. (u. a.): Dryden Press.

Framson, Elke A. 2007. *Translation in der internationalen Marketingkommunikation. Funktionen und Aufgaben für Translatoren im globalisierten Handel.* Tübingen: Stauffenburg.

Kotler, Philip & Armstrong, Gary & Saunders, John & Wong, Veronica. 2007. *Grundlagen des Marketing.* München: Pearson Studium.

Ricks, David. 1999. *Blunders in International Business.* Oxford/Malden: Blackwell.

www.diepresse.com (2008) *Luxusmarken: Image geht vor Qualität.* Printausgabe vom 21.3.2008.

7 Öffentlichkeitsarbeit und Unternehmenskommunikation

7.1 Was ist Öffentlichkeitsarbeit?

Die Öffentlichkeitsarbeit, oder Public Relations (PR), ist ein weiteres wichtiges Instrument zur Beeinflussung der (potentiellen) Kunden und anderer für das Unternehmen wichtiger Öffentlichkeiten. Dieses Kommunikationsinstrument richtet sich sowohl an

- *unternehmensinterne* Zielgruppen (Manager, Mitarbeiter, Eigentümer etc.) wie auch
- *unternehmensexterne* Zielgruppen (Lieferanten, staatliche Institutionen, Kunden etc.)

und möchte bei diesen vor allem Vertrauen und Verständnis aufbauen. Mit Hilfe der PR soll in der Öffentlichkeit ein positiver Eindruck des Unternehmens geschaffen und gepflegt werden. Gleichzeitig sollen sich eventuell im Umlauf befindliche negative Meinungen oder Unwahrheiten aufgespürt werden, damit ihnen entgegengewirkt werden kann. Während bei der Werbung primär das Produkt selbst im Mittelpunkt steht, ist die Öffentlichkeitsarbeit auf das Unternehmen als Ganzes gerichtet. Maßnahmen im Rahmen der Öffentlichkeitsarbeit sind u. a.

- die Pressearbeit, wie das Abhalten von Pressekonferenzen, die Aussendung von Pressemitteilungen, die Erstellung von Unternehmensprospekten, Geschäftsberichten etc.,
- Maßnahmen des persönlichen Dialogs, wie z. B. die Teilnahme an Podiumsdiskussionen oder Vorträge in Schulen,
- die Organisation von Veranstaltungen wie z. B. Seminare oder Konferenzen,
- Aktivitäten für ausgewählte Zielgruppen, wie z. B. Betriebsbesichtigungen für Besucher, die Ausschreibung von Preisen und die Förderung kultureller, sportlicher und sozialer Institutionen,
- unternehmensinterne Kommunikationsmaßnahmen, wie z. B. die Herausgabe von Mitarbeiterzeitschriften und die Schulung von Mitarbeitern.

Die Öffentlichkeitsarbeit arbeitet sehr viel mit Texten, wodurch auf internationaler Ebene Translationsbedarf entsteht.

Die primäre Aufgabe der PR ist, wie bereits erwähnt, der Aufbau von guten Beziehungen zu den verschiedenen Gruppen der Öffentlichkeit und das Schaffen eines positiven Images in der Gesellschaft. Diese sollen in weiterer Folge natürlich wieder zu einer Absatzsteigerung führen, die PR-Arbeit zielt jedoch nicht auf unmittelbare Kaufentscheidungen ab, sondern möchte die Kaufentscheidungen langfristig durch ein positives Bild beeinflussen.

Eine weitere wichtige Aufgabe der Öffentlichkeitsarbeit, die hier hervorgehoben werden soll, ist die des Krisenmanagements. Produktanbieter sind immer wieder mit kritischen Situationen konfrontiert, die ein mühsam aufgebautes positives Image sehr rasch zunichte machen können. Zu solchen Situationen zählt z. B. der Verkauf von defekten oder für gewisse Abnehmergruppen gefährlichen Produkten, der in Folge dazu führt, dass vom Unternehmen Rückholaktionen gestartet werden müssen. Bei Spielwaren ist es in den vergangenen Jahren mehrmals vorgekommen, dass Produkte vom Markt genommen werden und Krisenmanagement betrieben werden musste, weil die Waren entweder mit gesundheitsschädlichen Lacken versehen waren oder die Gefahr bestand, dass sich Kleinteile lösen. Solche Aktionen laufen unter anderem über verbal-kommunikative Maßnahmen, wie z. B. Presseaussendungen, Anzeigen in Zeitungen und Zeitschriften oder auch über den Rundfunk. Es ist für einen Produktanbieter ganz wichtig, rasch und richtig zu handeln, damit keine langfristig negativen Folgen entstehen. Die Art und Weise, wie Unternehmen mit derartigen Situationen umgehen, beeinflusst die Meinung der Kunden sehr stark. Die richtige Kommunikation spielt im Zuge des Krisenmanagements eine bedeutende Rolle.

7.2   Kommunikation und Image

Wie bereits erwähnt, sind Imageaufbau und -pflege wichtige Aufgaben der Öffentlichkeitsarbeit. Im Zuge der Produktpolitik wurde das Image des Produktes bzw. der Marke (*Brand Image*) als wichtiger Aspekt bei der Kaufentscheidung bereits besprochen. Neben dem Image eines Produktes gibt es aber auch das Image des Unternehmens. Das Unternehmensimage, oder *Corporate Image*, ist das *Fremdbild* des Unternehmens – so wie das Unternehmen in bzw. von der Öffentlichkeit gesehen wird.

Markenname und Unternehmensname und in weiterer Folge Markenimage und Unternehmensimage sind bei manchen Firmen gleich, es gibt jedoch auch Unternehmen, die eine oder mehrere Marken haben, deren

Namen nicht deckungsgleich mit dem Firmennamen sind. So hat z. B. das Unternehmen *Henkel* mehrere Marken (wie z. B. *Weißer Riese*), während *Darbo* sowohl ein Firmenname als auch ein Markenname ist. Durch Übernahmen und Fusionen gehören viele bekannte Markennamen, die früher auch die Unternehmen bezeichneten, heute größeren Konzernen an, wobei der Käufer sich dessen in vielen Fällen gar nicht bewusst ist (z. B. *Jacobs* (Kaffee), das von *Kraft Foods* aufgekauft wurde). Es ist nicht immer im Sinne der akquirierenden Unternehmen, Übernahmen als große Neuigkeiten zu präsentieren oder die Namen der akquirierten Unternehmen zu ändern.

Das Image eines Unternehmens ist ein *subjektives* Vorstellungsbild, sein Ruf in der Öffentlichkeit. Es ist für Unternehmen von großer Bedeutung, da es die Wahrnehmung und das Verhalten beeinflusst. Ein positives Image wirkt verkaufsfördernd. Positiv ist dabei unterschiedlich definiert und bezieht sich darauf, wie das Unternehmen und die Marke auf die Zielgruppe wirken und ob sie es in für das Unternehmen gewünschter Form tun.

Viele Märkte sind heute überschwemmt mit Produkten, die einander oft sehr ähnlich sind und die alle das Grundbedürfnis des Kunden stillen können. Wenn ein Kunde z. B. ein Paar Laufschuhe braucht, dann hat er im Sportgeschäft die Qual der Wahl zwischen einer Reihe an Produkten, die alle zum Laufen geeignet sind. Natürlich gibt es Unterschiede in Preis, Design und anderen Produkteigenschaften, die die Kaufentscheidung beeinflussen, und wahrscheinlich wird auch nicht jeder Schuh gleich gut passen. Der Einfluss des Images im Kopf des Kunden ist jedoch nicht zu unterschätzen. Warum sich jemand bei ähnlichem Preis und ähnlichen Produkteigenschaften für das Produkt der Firma X und nicht das der Firma Z entscheidet, basiert oft nicht oder nur zum Teil auf rationellen Überlegungen, sondern Kaufentscheidungen werden in hohem Maße auf Basis von Unternehmens- und Produktimage getroffen.

Das Image eines Unternehmens ist jedoch nicht nur für den Verkauf wichtig. Es ist auch entscheidend für die Attraktivität des Unternehmens als Arbeitgeber. Ein Unternehmen, das gute Leute anziehen möchte, braucht ein gutes Image. Ein Unternehmen mit schlechtem Ruf wird es viel schwerer haben, qualifizierte Mitarbeiter zu bekommen. Auch für die Mitarbeitermotivation ist ein positives Image wichtig. Wenn die Mitarbeiter für ein Unternehmen tätig sind, das in der Öffentlichkeit einen guten Ruf hat, dann hat das einen positiven Einfluss auf die Motivation. Sowohl die Qualität der Mitarbeiter als auch deren Motivation wirken sich auf die Qualität des Angebots und letztendlich wiederum auf das Image aus, womit sich der Kreis schließt.

Imageaufbau und -pflege geschehen in hohem Maße über Kommunikation. Global gesehen stellen sich dabei für Unternehmen große Herausforderungen. Einerseits besteht für global agierende Unternehmen oft der Wunsch oder die Notwendigkeit, ein global einheitliches Image des Unternehmens selbst oder einer Marke zu schaffen, andererseits müssen lokale Besonderheiten und Gegebenheiten in Betracht gezogen werden, damit man die diversen Öffentlichkeiten effektiv erreichen und die bereits erwähnte Integrierung (die Re-Lokalisierung) stattfinden kann. Die Abnehmer eines Produktes sitzen heute nicht mehr isoliert und abgeschottet an einem Platz der Welt, sondern sie sind Teil einer gläsernen Welt, in der sie über die Medien laufend darüber informiert werden, was in einem anderen Teil der Welt geschieht. Die (potentiellen) Kunden bewegen sich auch nicht nur in der eigenen Kultur, sondern sind – sowohl in der Arbeit als auch in der Freizeit – mobil und reisen in andere Teile der Welt. Das bedeutet, dass Unternehmen sich in unterschiedlichen Ländern nicht völlig unterschiedlich präsentieren können, denn das würde die Kunden verwirren. Es bedeutet auch, dass die Kunden wissen, was ein Unternehmen in einem anderen Teil der Welt macht und was nicht. Wenn sich ein Unternehmen an einem Hilfsprojekt in Afrika beteiligt, dann erfahren das die Kunden in Europa. Das trifft sowohl auf positive als auch auf negative Handlungen und Ereignisse zu. Diesen Spagat zwischen globaler Einheitlichkeit und lokalen Bedürfnissen zu schaffen, ist heute auch Aufgabe von Kommunikationsexperten, da alle Botschaften, die vom Unternehmen ausgesendet werden, das Image beeinflussen.

7.3   Image und Identität

Unternehmen haben jedoch nicht nur ein Image in der Öffentlichkeit, sie haben auch ein Bild von sich selbst, ein *Selbstverständnis*, die *Corporate Identity* (Unternehmensidentität, Unternehmenspersönlichkeit). Diese bezeichnet, wie das Unternehmen sich selbst sieht und von der Öffentlichkeit gesehen werden möchte. Das Konzept der Unternehmensidentität beruht auf der Idee, dass Unternehmen wie Persönlichkeiten wahrgenommen werden, dass ihnen quasi eine menschliche Persönlichkeit zugesprochen wird. Die Identität einer Person ergibt sich für den Beobachter normalerweise aus der optischen Erscheinung und der Art und Weise, wie die Person handelt und spricht. Diese Aspekte gelten auch für die Wahrnehmung des Unternehmens:

- beim *Corporate Design* geht es um das optische Erscheinungsbild,
- beim *Corporate Behavior* um das Verhalten und

- bei den *Corporate Communications* darum, wie das Unternehmen nach innen und außen hin kommuniziert.

In der Fachliteratur werden diese drei Bereiche mitunter auch als Identitäts-Mix bezeichnet und unter der Überschrift „Identitätspolitik" behandelt. Im Idealfall sind das Corporate Design, das Corporate Behavior und die Corporate Communications stimmig und konsistent, damit sich ein einheitliches Ganzes ergibt, das eine stabile Wahrnehmung ermöglicht. Wie das Unternehmen wahrgenommen wird, ist dann das Image. Ziel ist es nun, das Image im Sinne der Identität zu beeinflussen, d. h. das Selbstverständnis des Unternehmens der Öffentlichkeit so zu vermitteln, dass das in der Öffentlichkeit vorherrschende Image mit diesem deckungsgleich ist. Unternehmen X z. B. sieht und versteht sich selbst als junges, dynamisches Unternehmen mit sozialem Engagement. Im Idealfall wird es von der Öffentlichkeit auch als solches wahrgenommen, im weniger idealen Fall besteht in der Öffentlichkeit das Bild eines Unternehmens, das nur auf Profit aus ist und nicht bereit ist, sich für soziale Belange einzusetzen. Unternehmen können Maßnahmen ergreifen, um diesen „falschen" Eindruck zu korrigieren – sie betreiben Imagepflege bzw. Imagekorrektur.

Die Maßnahmen zu Imageaufbau, -pflege und -korrektur fallen in die drei bereits genannten großen Bereiche Design, Behavior und Communications. Das tragende Element des Corporate Design ist das Firmenzeichen oder Logo. Im Idealfall identifiziert das Logo das Unternehmen oder die Marke ohne zusätzliche Informationen, wie das z. B. bei Unternehmen wie *Nike* (Swoosh) und *Apple Computer* (angebissener Apfel) der Fall ist, und weckt gleichzeitig auch positive Assoziationen. Logischerweise ist das global nur möglich, wenn die verwendeten Symbole oder Worte eine breite kulturelle Akzeptanz aufweisen und nicht gegen Tabus verstoßen oder negative Konnotationen haben. Hier besteht eine enge Verbindung zischen Corporate Design und der Markenpolitik. Zum Corporate Design gehören aber auch Dinge wie der verwendete Schriftzug auf Briefköpfen, das Design der Visitenkarten und die Architektur. Wenn ein Unternehmen den Eindruck von Umweltverträglichkeit und Nachhaltigkeit vermitteln möchte und eine Unternehmenszentrale errichten lässt, die umwelttechnisch auf dem neusten Stand ist, dann ist das stimmig und ergibt ein einheitliches Ganzes. Diese Tatsache der Öffentlichkeit zu vermitteln, geschieht über Kommunikation im Rahmen der PR – z. B. in Form eines Zeitungsartikels darüber, dass Unternehmen X ein „grünes" Bürogebäude baut.

Zum Bereich des Corporate Behavior gehört z. B. der praktizierende Führungsstil des Unternehmens und das Verhalten der Mitarbeiter untereinander, Dinge die sehr oft auch in Form eines Verhaltenskodex oder Handbuches festgeschrieben sind. Da Kommunizieren auch eine Form des Verhaltens ist, liegt zwischen den Bereichen Corporate Behavior und Corporate Communications eine Überlappung vor. Corporate Communications beschreiben das kommunikative Verhalten des Unternehmens sowohl nach außen hin als auch auf interner Ebene, sowohl die Botschaften als auch den Kommunikationsstil und die Tonalität. Aufgabe der Corporate Communications ist es, entsprechend dem Selbstbild ein Image aufzubauen, dieses zu beeinflussen und es zu pflegen oder auch zu korrigieren.

7.4   Imageaufbau und Kommunikation

Da Imageaufbau und -pflege in sehr hohem Maße über Kommunikation erfolgen, sind besonders im internationalen Kontext Kommunikationsexperten an diesen Aufgaben beteiligt. Wenn ein Translator einen Werbe- oder PR-Text in eine andere Sprache für eine andere Kultur übersetzt, dann gestaltet er durch diese Tätigkeit auch das Image seines Auftraggebers, des Unternehmens, in der anderen Kultur mit. Für Unternehmen ist es dabei sehr wichtig, dass die involvierten Kommunikationsexperten das gewünschte Image entsprechend der Identität erfassen und transferieren können. Das folgende Beispiel verdeutlicht das.

Ein österreichisches Unternehmen mit internationaler Präsenz lässt den Großteil der Texte, die veröffentlicht werden, in zehn Sprachen übersetzen. Die Ausgangstexte entstehen entweder im Unternehmen oder werden von außen stehenden Experten (Werbetexter, Journalisten etc.) erstellt. Die Translationsprozesse werden zur Gänze von einer Übersetzungsagentur koordiniert und ausgeführt (es handelt sich dabei immer um dieselbe), die jeweiligen Länderbüros des Unternehmens lesen die Texte jedoch vor der Veröffentlichung Korrektur, wobei sowohl auf „Fehler", vor allem aber auf den richtigen Kommunikationsstil und die richtige Aussage geachtet wird. Man ist im Unternehmen sehr auf einen einheitlichen globalen Auftritt bemüht und überzeugt davon, dass die Kommunikation und der Kommunikationsstil eine wichtige Rolle bei diesen Bemühungen spielen. Außerdem möchte man weltweit nicht nur den gleichen Stil sondern einen Stil, der zum Unternehmen „passt" und seine Identität ausdrückt. Vor diesem Hintergrund trat nun die Situation auf, dass die von der Übersetzungsagentur gelieferte koreanische Übersetzung von der koreanischen Länderniederlassung abgelehnt wurde. Die Übersetzung war zwar nicht fehlerhaft, entsprach aber laut der Niederlassung nicht dem Stil und der Eleganz der Sprache, die man im Unternehmen bei allen öffentlich erscheinenden Texten pflegt – denn Stil und Eleganz sind Teil des Selbstverständnisses, und diesen Eindruck möchte man auch in der Öffentlichkeit verbreiten. Die Übersetzungsagentur ließ daraufhin den Text von vier koreanischen Übersetzern neu texten und sandte alle vier Versionen an die Länderniederlassung. Dort wurde ein Favorit ausgewählt. Diese Person übernahm von diesem Zeitpunkt an die Übersetzung aller Texte ins Koreanische.

Das Fallbeispiel ist in ungekürzter Form in *Translation in der internationalen Marketingkommunikation* (Framson: 2007) nachzulesen.

Im angeführten Beispiel wurde der Translator ausgetauscht, weil er nicht in der Lage war, auf sprachlich-stilistischer Ebene ein bestimmtes Image wiederzugeben und zu vermitteln. Von Kommunikationsexperten, die im Werbe- und PR-Bereich tätig sind, wird folglich nicht nur formale und terminologische Korrektheit erwartet, sondern vor allem Verständnis für das Unternehmen oder die Marke und die Werte und Persönlichkeit, die dahinter stehen. (Diese Erwartung wurde bereits im Rahmen des Markenmanagements erwähnt.) Wenn die involvierten Kommunikationsexperten nicht den zum Unternehmen passenden Ton und die richtigen Inhalte vermitteln können, sind sie leicht austauschbar. Für Kommunikationsexperten, die in den Bereichen Marketingkommunikation und Öffentlichkeitsarbeit tätig sind, ist es notwendig, das angestrebte Image des Auftraggebers zu kennen und zu verstehen. Dieses Verständnis ist die Voraussetzung für die Produktion eines funktionierenden Texts.

7.5 Marketingkommunikation, Unternehmenskommunikation, Corporate Communications – was ist der Unterschied?

Die Fachliteratur bietet, was die Begriffe Marketingkommunikation, Unternehmenskommunikation und Corporate Communications betrifft, keine einheitlichen und klar abgegrenzten Definitionen an.

Als *Marketingkommunikation* können sämtliche Kommunikationsvorgänge zwischen einem Unternehmen bzw. einer Organisation und der unternehmens- bzw. organisationsexternen und -internen Umwelt bezeichnet werden. Die Instrumente der Marketingkommunikation werden im Kommunikations-Mix kategorisiert. Der Kommunikations-Mix umfasst eine Reihe an Elementen, die wichtigsten davon sind die Werbung, der persönliche Verkauf, die Verkaufsförderung und das Direktmarketing. Im Rahmen der Marketingkommunikation wurde in diesem Manual der Fokus der kommunikativen Maßnahmen auf die externe Umwelt, und zwar auf den (potentiellen) Abnehmer, gerichtet. Mit den Instrumenten der Marketingkommunikation sollen die Ziele des Unternehmens bzw. der Organisation erreicht werden, indem marktwirksame Meinungen, wie eben die der Abnehmer, beeinflusst werden. Die Marketingkommunikation ist somit ein Mittel zur Beeinflussung der Umwelt. Marketingkommunikation wird mitunter auch mit Werbung gleichgesetzt. Diese enge Definition wird hier nicht angewendet, die Werbung wird als wichtiger Teilbereich der Marketingkommunikation betrachtet.

Die Öffentlichkeitsarbeit bzw. PR gilt ebenfalls als Element des Marketing-Mix und somit als Teilbereich der Marketingkommunikation, wird jedoch aufgrund ihrer Bedeutung und der großen Menge an Maßnahmen, die in diesen Bereich fallen, häufig gesondert, sozusagen als eigenständige Disziplin, behandelt. Auch in Unternehmen gibt es neben der Werbeabteilung oft eigene PR-Abteilungen, und am Markt gibt es viele PR-Agenturen. Es handelt sich hierbei um einen umfassenden Bereich, der aufgrund der Bedeutung des *Brand* und *Corporate Image* für den Erfolg einer Unternehmung sehr wichtig ist. Kommunikative Maßnahmen im Rahmen der Öffentlichkeitsarbeit sind sowohl nach innen als auch nach außen gerichtet.

Der deutsche Begriff der Unternehmenskommunikation ist in der Literatur nicht eindeutig abgegrenzt. Auch bei der Unternehmenskommunikation geht es um die Kommunikation mit den internen und externen Umwelten eines Unternehmens bzw. einer Organisation. Häufig wird der Begriff dem Begriff der *Public Relations* undifferenziert gleichgesetzt und als Öffentlichkeitsarbeit verstanden. Somit wird nicht das Angebot, sondern das Unternehmen in den Mittelpunkt der Kommunikation gerückt. Kotler et. al bezeichnen den Aufbau der Unternehmenskommunikation als Aufgabe der Öffentlichkeitsarbeit und beschreiben als Ziel der Unternehmenskommunikation wiederum den „Aufbau und die Pflege einer internen und externen Kommunikationsstruktur", damit in der Öffentlichkeit und im Unternehmen selbst das Verständnis für die Belange des Unternehmens gegeben ist.

Eine begriffliche Unsicherheit ergibt sich aus der Verbreitung des englischen Begriffs der Corporate Communications in der Fachwelt. Dieser Begriff wird generell nicht als deckungsgleich mit dem deutschen Begriff der Unternehmenskommunikation verwendet, sondern gehört neben den Bereichen des Corporate Design und des Corporate Behavior dem bereits besprochenen Konzept der Corporate Identity an.

Im Hinblick auf die Begriffsverwendung und die in diesem Bereich existierende Unschärfe sei gesagt, dass für Kommunikationsexperten in der wirtschaftlichen Praxis ein grundlegendes Verständnis dieser vorhanden sein sollte, aber auch das Bewusstsein der Tatsache, dass genaue begriffliche Abgrenzungen nicht immer vorhanden sind. Wichtig ist vor allem ein grundlegendes Verständnis für die Ziele der diversen Maßnahmen im Unternehmen. Die Beeinflussung der Öffentlichkeiten im Sinne der unternehmerischen Ziele ist der rote Faden, der sich durch die Kommunikation im und ausgehend vom Unternehmen zieht. Bei manchen Maßnahmen stehen die unmittelbare Beeinflussung und die unmittelbare Reaktion im Vordergrund, so wie z. B. bei der Produktwerbung oder beim Direktmarketing, bei anderen geht es eher um längerfristige Ziele wie den Aufbau eines positiven Images oder einer engeren Beziehung, wie das bei der Öffentlichkeitsarbeit der Fall ist. Im Endeffekt sollen sie aber alle dazu führen, dass das Unternehmen einen guten Ruf genießt, seine Produkte erfolgreich verkauft und profitabel operieren kann. Gezielte und funktionierende kommunikative Maßnahmen sind für den Erfolg der Unternehmung unerlässlich. Die Kommunikation und somit auch die involvierten Kommunikationsexperten sind mitverantwortlich für Erfolg und Misserfolg.

7.6   Kapitelzusammenfassung

- Die Öffentlichkeitsarbeit (Public Relations, PR) ist ein wichtiges Instrument zur Beeinflussung der für das Unternehmen relevanten Öffentlichkeiten und richtet sich sowohl an unternehmensinterne als auch -externe Zielgruppen.

- Primäre Aufgaben der PR sind das Schaffen von Vertrauen in der Öffentlichkeit, der Aufbau von guten Beziehungen und das Pflegen eines positiven Images.

- Das Image eines Unternehmens ist das Fremdbild des Unternehmens in der Öffentlichkeit.

- Die Corporate Identity ist das Selbstverständnis des Unternehmens und setzt sich aus den Bereichen Corporate Design, Corporate Behavior und Corporate Communications zusammen.

- Im Idealfall entspricht das Corporate Image der Corporate Identity. Um das zu erreichen, werden im Rahmen der drei genannten Teilbereiche Maßnahmen gesetzt.

- Das Image eines Unternehmens wirkt sich auf die Verkaufszahlen aus, es ist aber auch für die Attraktivität des Unternehmens als Arbeitgeber und für die Mitarbeitermotivation von großer Bedeutung.

- Die Unternehmensidentität wird in hohem Maße über kommunikative Maßnahmen nach außen getragen. Die Kommunikation spielt beim Aufbau eines positiven Images eine bedeutende Rolle.

- Kommunikationsexperten nehmen durch ihre Tätigkeit am Imageaufbau und der Imagepflege von Unternehmen und Produkten teil. Aus diesem Grund wird von ihnen Verständnis für das Unternehmen und seine Identität bzw. die Identität der Marke erwartet.

7.7 Quellen und weiterführende Literatur

Bruhn, Manfred. 2007. *Marketing. Grundlagen für Studium und Praxis.* Wiesbaden: Gabler.

Framson, Elke A. 2007. *Translation in der internationalen Marketingkommunikation. Funktionen und Aufgaben für Translatoren im globalisierten Handel.* Tübingen: Stauffenburg.

Kotler, Philip & Armstrong, Gary & Saunders, John & Wong Veronica. 2007. *Grundlagen des Marketing.* München: Pearson Studium.

Meffert, Heribert & Bolz, Joachim. 1994. *Internationales Marketing-Management.* Stuttgart: Kohlhammer.

Unger, Fritz & Durante, Nadia & Rose, Peter M. 2000. *Kommunikations- und Identitätspolitik. Band 6 Examenswissen Marketing.* Köln: Fortis Verlag.

8 Unternehmensinterne transkulturelle Kommunikation

8.1 Wie entstehen transkulturelle Kommunikationssituationen?

Als Folge der Internationalisierung entstehen nicht nur mit externen Stellen und Kundinnen in den Ländermärkten transkulturelle Kommunikationssituationen, sondern auch im Unternehmen selbst. Internationalisierung bedeutet Aktivwerden im Ausland und führt in Folge zu einer Ausdehnung von Unternehmensfunktionen auf verschiedene Märkte und Kulturräume. Während im kleinen Exportunternehmen vielleicht nur die Notwendigkeit besteht, transkulturell mit der äußeren Umwelt zu kommunizieren, und das Unternehmen selbst homogen in seiner Zusammensetzung bleibt, wird in Firmen, die ganze Bereiche ins Ausland verlagern, auch die Mitarbeiterinnenzusammensetzung international und transkulturelle Kommunikation zum Teil des Arbeitsalltags. Der Aufbau einer Niederlassung oder die Schaffung eines gemeinschaftlichen Unternehmens (*Joint Venture*) sind Beispiele dafür, wie es im Unternehmen zu internen transkulturellen Kontaktsituationen kommen kann. Das transkulturelle Konfliktpotential ist dabei unterschiedlich groß, es besteht jedoch immer. Entscheidungen darüber, wo man eine Niederlassung errichtet oder mit welchem Partnerunternehmen man zusammenarbeitet, werden oft von finanziellen Überlegungen getragen, kulturelle Belange hingegen werden häufig vernachlässigt und ihr Konfliktpotential unterschätzt. Kulturunterschiede und ihre Auswirkungen auf die Zusammenarbeit werden oft erst dann beachtet und behandelt, wenn sie akute Probleme darstellen.

Transkulturelle Kommunikation vollzieht sich sowohl zwischen verschiedenen Unternehmensbereichen, z. B. zwischen der ausländischen Niederlassung und der Unternehmenszentrale oder zwischen der Buchhaltung in einem Land und der Produktionsstätte in einem anderen Land, als auch innerhalb dieser Bereiche und Abteilungen. Wenn eine Mitarbeiterin aus der Unternehmenszentrale mit einer Mitarbeiterin in der ausländischen Niederlassung telefoniert oder ihr eine E-Mail sendet, dann ist es sehr wahrscheinlich, dass sie transkulturell kommuniziert, da viele der Stellen in den Ländern mit Einheimischen besetzt werden. Aber natürlich kommt es auch innerhalb einzelner Bereiche oder Stellen zu transkulturellen Interaktionen. So ist es z. B. gut möglich, dass eine Produktionsstätte im Ausland mit lokal ansässigen Personen besetzt wird, das Management Team dieser Produktionsstätte setzt sich jedoch aus Personen zusammen, die aus dem Land der Unternehmenszentrale kommen. Ein anderes transkulturelles Szenario würde dann entstehen, wenn z. B. ein Team aus der Unternehmenszentrale für mehrere Monate zum Zwecke einer Produktionsumstellung in die Niederlassung geschickt wird, um die Mitarbeiterinnen dort einzuschulen und ihnen bei diesem Schritt zur Seite zu stehen (siehe Kapitel 9). In solchen Situationen stehen sich plötzlich Personen gegenüber, die sich persönlich nicht kennen, vielleicht nur so recht und schlecht die Sprache des jeweils anderen sprechen und von den Lebensgewohnheiten der Kolleginnen und der Kultur des Gastlandes nur wenig wissen. Diese Personen müssen jedoch zusammenarbeiten, sie müssen gewisse vorgegebene Leistungen erbringen und Ziele erreichen. Im modernen Unternehmen ergeben sich transkulturelle Kommunikationssituationen aber auch einfach als Folge der Öffnung der Arbeitsmärkte und der Mobilität der Arbeitskräfte. Unternehmen stellen Personen aus anderen Kulturkreisen an, da diese für eine bestimmte Stelle bessere Qualifikationen und Voraussetzungen mitbringen, als die inländischen Bewerberinnen.

8.2   Unternehmenskultur und *Cultural Due Diligence*

Besonders bei länderübergreifenden Firmenübernahmen und Fusionen (*Mergers and Acquisitions, M&A*) besteht ein hohes Konfliktpotential, und die unterschiedlichen Herkunftskulturen und Unternehmenskulturen der involvierten Firmen können eine große Herausforderung darstellen. Meist sind es schwer zu vereinbarende grundlegende Werte und divergierende Überzeugungen im Hinblick auf die Unternehmensführung, die zu Konflikten führen, aber auch die alltäglichen Abläufe und Kontakte zwischen den Mitarbeiterinnen sind davon betroffen. Laut einer kürzlich vom Marktforschungsinstitut *Economist Intelligence Unit,* einer Tochterfirma des Wirtschaftsmagazins *The Economist,* durchgeführten Studie zu den Chancen und Risiken internationaler M&A-Projekte (www.mercer.com/beyondborders), bei der 670 Führungskräfte multinationaler Unternehmen zu Problemen im Zuge solcher Projekte befragt wurden, stellen kulturelle Unterschiede die größte Hürde dar. Unterschiede in der Unternehmenskultur und die Integration von Mitarbeiterinnen stellen viele Unternehmen vor schwer zu überwindende Probleme. Projekte können an solchen Differenzen auch scheitern.

Manche Unternehmen führen vor Fusionen und Übernahmen deshalb eine Prüfung durch, die mit dem Begriff *Cultural Due Diligence (CDD)* beschrieben wird. Es geht dabei primär um eine im Vorfeld stattfindende Prüfung der „Verträglichkeit" der jeweiligen Unternehmenskulturen, um eventuelle Problembereiche feststellen und ihnen entgegenwirken zu können. Es kann auch sein, dass aufgrund der im Zuge dieser Prüfung festgestellten Unterschiede und Unvereinbarkeiten Projekte abgesagt werden.

Die Kulturunterschiede, die in diesem Zusammenhang genannt und geprüft werden, beziehen sich primär auf die *Unternehmenskultur,* die das System von Wertvorstellungen, Verhaltensnormen sowie Denk- und Handlungsweisen beschreibt, welches das Verhalten der Mitarbeiterinnen eines Unternehmens oder einer Organisation auf allen Stufen prägt bzw. diesen als Orientierungssystem dient. In der Fachliteratur gibt es dazu die beiden englischen Begriffe der *Corporate Culture* und der *Organizational Culture.* Zur Unternehmenskultur gehören auch das bereits besprochene Konzept der Identität sowie die Ziele der Unternehmung (*Mission*). Die in einem Unternehmen geltenden Wertvorstellungen und Verhaltensnormen sind wiederum geprägt von zumeist einer dominanten Herkunftskultur, d. h. der Kultur, aus der das Unternehmen ursprünglich stammt, wobei es mit der zunehmenden internationalen Zusammensetzung von Unternehmen und der Tatsache, dass gerade die Führungsebene oft mit Personen aus unterschiedlichen Kulturen besetzt ist, hier zu einer Entwicklung von unterschiedlich beeinflussten Unternehmenskulturen kommen kann. Dennoch ist es so, dass die Unternehmenskulturen von zwei beliebigen amerikanischen Unternehmen eine größere Ähnlichkeit aufweisen als die Unternehmenskulturen von einem beliebigen amerikanischen und einem beliebigen österreichischen Unternehmen.

Im Hinblick auf die internationale Zusammenarbeit von Unternehmen soll hier noch ein weiterer Begriff Erwähnung finden. Jürgen Beneke (1999) spricht davon, dass sich Managerinnen in internationalen Unternehmen oft in so genannten „Kulturblasen" befinden. Innerhalb dieser Kulturblasen gelten ähnliche oder die gleichen Wertvorstellungen, Gesprächsthemen, Hobbys etc., die sich unter anderem auch aus den gleichen (Geschäfts-) Interessen ergeben. Somit kann beim Aufeinandertreffen von zwei Geschäftsleuten ein anfänglicher Eindruck von Gleichheit im Hinblick auf die Ziele, Werte und Verhaltensweisen entstehen. Diese Gleichheit ist jedoch nur oberflächlich und kann bei intensiveren Kontakten zu unerwarteten und deshalb umso heftigeren Konflikten führen. Zudem kann es auch sein, dass die auf Führungsebene anfänglich wahrgenommene Gleichheit in der Meinung resultiert, dass zwischen der eigenen und der Kultur des anderen Unternehmens keine oder nur geringe kulturelle Unterschiede bestünden, was sich dann aber bei der Zusammenarbeit als unwahr herausstellt.

8.3   Transkulturelle Zusammenarbeit

Internationalisierung und Globalisierung führen also zum Entstehen von multikulturellen Arbeitssituationen und -gruppen. In solchen Situationen und Gruppen verläuft die Zusammenarbeit nicht mehr auf kulturell homogener Ebene sondern zwischen Mitgliedern unterschiedlicher Kulturen. Diese haben unterschiedliche Arbeitsweisen, Lösungsansätze und Kommunikationsstile, die jeweils in ihrer eigenen Kultur verankert sind. Abgesehen von rein sprachlichen Barrieren, die in solchen Arbeitsgruppen auftreten können (und die, wenn auch nur teilweise, durch die Verwendung einer Lingua franca überwunden werden können), sind die größten Barrieren darin zu finden, wie man miteinander umgeht, wie man an Probleme herangeht und welche Methoden zu deren Lösung als sinnvoll erachtet werden. Möglicherweise ergeben sich Probleme allein schon dahingehend, was man denn überhaupt als Problem definiert und was nicht.

Die Vielfalt an unterschiedlichen Vorgehensweisen und Lösungsansätzen ist einerseits eine Bereicherung, kann aber auch dazu führen, dass transkulturelle Gruppen hinsichtlich der Arbeitsprozesse Schwierigkeiten haben und nicht effektiv sind. Wenn z. B. eine Gruppe bestehend aus fünf Personen aus fünf unterschiedlichen Kulturen Problem X lösen muss, gibt es im Extremfall fünf verschiedene Vorschläge und Lösungsansätze. Abgesehen von den verschiedenen Lösungsansätzen, ist Mitarbeiterin A vielleicht sehr unglücklich oder wütend über den Ton, den Mitarbeiterin B ihr gegenüber anschlägt, Mitarbeiterin B wiederum findet, dass Mitarbeiterin C ihre Meinung nicht klar genug ausdrückt. Mitarbeiterin D wird von ihren Kolleginnen nur schlecht verstanden, weil ihre Englisch-Kenntnisse spärlich sind, und Mitarbeiterin E widerspricht allen ständig und hat sich bereits den Unmut der anderen Gruppenmitglieder zugezogen.

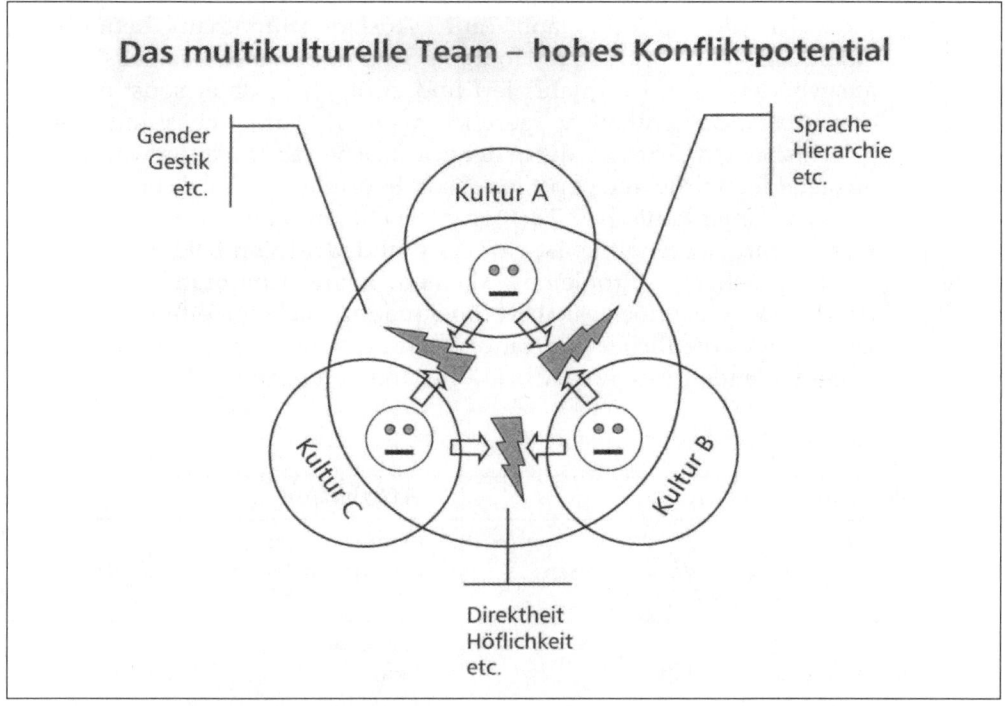

Abbildung 11: Das multikulturelle Team

Ob bzw. in welchem Maße solche multikulturellen Gruppen leistungsfähig sind, hängt davon ab, wie gut sie ihre Diversität managen können. Kulturelle Unterschiede verurteilen ein Team nicht von vornherein zum Scheitern, ganz im Gegenteil. Die Vielfalt an Ansätzen kann auch zu kreativeren Vorgehensweisen und besseren Resultaten führen: „Highly productive and less productive teams differ in how they manage their diversity, not, as is commonly believed, in the presence or absence of diversity. When well managed, diversity becomes an asset and productive resource for the team. When ignored, diversity causes process problems that diminish the teams's productivity" (Adler: 1997). Es ist nicht das Vorhandensein oder Nicht-Vorhandensein kultureller Unterschiede, das entscheidet, ob ein multikulturelles Team erfolgreich und produktiv ist, sondern der Umgang mit den Unterschieden. Bei richtigem Umgang mit kultureller Diversität kann diese bei der Zusammenarbeit zu einem Faktor werden, der die Produktivität letztendlich erhöht und zum Erfolg beiträgt.

Wie leicht es aufgrund kultureller Unterschiede zu gravierenden Missverständnissen kommen kann, zeigt der folgende Dialog (Thomas et. al: 2005).

Ein sich in Griechenland auf Auslandsaufenthalt befindlicher amerikanischer Vorgesetzter, in den USA aufgewachsen, sozialisiert und ausgebildet, beruflich qualifiziert und erfolgreich, da er sonst nicht für den Auslandaufenthalt vorgesehen worden wäre, muss mit seinem griechischen Mitarbeiter, der in der griechischen Kultur aufgewachsen ist, ausgebildet wurde und beruflich ebenfalls erfolgreich ist, da er sonst nicht in einem amerikanischen Tochterunternehmen tätig wäre, kooperieren. Das Hierarchieverhältnis ist eindeutig und wird von beiden akzeptiert, auch sprachliche Probleme scheinen keine Kommunikationshürde darzustellen. Dennoch eskaliert die Situation, da beide offensichtlich ein ganz unterschiedliches Verständnis von der Rolle und den mit dieser einhergehenden Aufgaben des jeweils anderen haben.

Verhalten	*Attribution*
Amerikaner: *Wie lange brauchst du, um diesen Bericht zu beenden?*	Amerikaner: *Ich bitte ihn, sich zu beteiligen.*
Grieche: *Ich weiß nicht. Wie lange sollte ich brauchen?*	Grieche: *Sein Verhalten ergibt keinen Sinn. Er ist der Chef: Warum sagt er es mir nicht? Ich bat ihn um eine Anweisung.* Amerikaner: *Er lehnt es ab, Verantwortung zu übernehmen.*
Amerikaner: *Du kannst selbst am besten einschätzen, wie lange es dauert.*	Amerikaner: *Ich zwinge ihn, Verantwortung für Seine Handlungen zu übernehmen.* Grieche: *Was für ein Unsinn! Ich gebe ihm wohl besser eine Antwort.*
Grieche: *10 Tage.*	Amerikaner: *Er ist unfähig, die Zeit richtig einzu-schätzen; diese Schätzung ist völlig unrealistisch.*
Amerikaner: *Besser 15. Bist du damit einverstanden, es in 15 Tagen zu tun?*	Amerikaner: *Ich biete ihm eine Abmachung an.* Grieche: *Das ist meine Anweisung: 15 Tage.*
In Wirklichkeit brauchte man für den Bericht 30 normale Arbeitstage. Also arbeitete der Grieche Tag und Nacht, benötigte aber am Ende des 15. Tages immer noch einen weiteren Tag.	

Amerikaner: *Wo ist der Bericht?*	Amerikaner: *Ich vergewissere mich, dass er unsere Abmachung einhält.* Grieche: *Er will den Bericht haben.*
Grieche: *Er wird morgen fertig sein.*	Beide attribuieren, dass er noch nicht fertig ist.
Amerikaner: *Aber wir haben ausgemacht, er sollte heute fertig sein.*	Amerikaner: *Ich muss ihm beibringen, Abmachungen einzuhalten.* Grieche: *Dieser dumme, inkompetente Chef! Nicht nur, dass er mir falsche Anweisungen gegeben hat, er würdigt noch nicht einmal, dass ich einen 30-Tage-Job in 16 Tagen erledigt habe.*
Der Grieche reicht seine Kündigung ein.	Der Amerikaner ist überrascht. Grieche: *Ich kann für so einen Menschen nicht arbeiten.*

8.4 Feedback

Ein elementarer Aspekt der Zusammenarbeit in einem Unternehmen ist der des Feedbacks. Feedback kann definiert werden als eine Rückmeldung an eine Person über deren Verhalten. Feedback findet ständig statt, wenn wir mit anderen Menschen interagieren, sowohl unbewusst (vor allem über unsere Körpersprache) als auch bewusst. In der Interaktion bzw. Kommunikation stellen unsere Reaktionen auf die Botschaften der anderen ebenfalls eine Art des Feedbacks dar. In diesem Kapitel geht es primär um das bewusste Feedback, also um konkrete verbale Rückmeldungen hinsichtlich des Verhaltens. Es geht um Botschaften, die gegeben werden, um einen Ist-Zustand zu verbessern oder, wenn der Ist-Zustand zufrieden stellend ist, diesen auf dem gleichen guten Niveau zu halten. Das Ziel von Feedback ist die *Verbesserung* von Mitarbeiterinnen, Produkten und Prozessen. Im Unternehmen erfolgt Feedback häufig *top-down*, d. h. von der Vorgesetzten zur Mitarbeiterin, viele Unternehmen fördern jedoch auch *bottom-up* Feedback und wünschen sich konstruktive Beiträge von ihren Mitarbeiterinnen. In Arbeitsgruppen ist auch das Feedback zwischen Gleichgestellten von großer Bedeutung.

Feedback ist in der transkulturellen Gruppe ein Werkzeug, um Unterschiede zu diskutieren und zu Lösungen zu gelangen. Wenn ein Mitglied einer transkulturellen Gruppe ein anderes Mitglied nicht versteht oder dessen Vorgehen für falsch hält, dann kann dies zum Ausdruck gebracht werden. Feedback ist jedoch ein kulturell verankertes Element. Aufgrund der Tatsache, dass Feedback von Kultur zu Kultur einen unterschiedlichen Stellenwert und Platz in der Gesellschaft hat, in unterschiedlichen Ausprägungen existiert und auf unterschiedliche Art und Weise kommuniziert wird, birgt dieses Werkzeug, das an und für sich dazu dienen sollte, Probleme und Unterschiede zu überwinden und Zustände zu verbessern, in sich selbst Gefahren. In manchen Kulturen existiert Feedback gar nicht, in anderen ist es Teil des (Arbeits-) Alltags und eine Verhaltensweise, die bereits im Zuge der Enkulturation erlernt wurde und daher erwartbar ist. Es ist auch möglich, dass in manchen Kulturen nur *top-down* Feedback zulässig ist, *bottom-up* ist undenkbar. Feedback kann direkt übermittelt werden, es kann aber auch implizit und umschreibend gegeben werden. In manchen Kulturen wird primär negatives Feedback gegeben, also nur dann, wenn etwas schief läuft. Für Personen aus solchen Kulturen ist dann das Nicht-Erhalten von Feedback ein Zeichen dafür, dass sie keine Fehler gemacht haben und alles in Ordnung ist. In anderen Kulturen ist es auch üblich, den Mitarbeiterinnen mitzuteilen, wenn sie etwas gut gemacht haben. Für Menschen dieser Kulturen wird das Fehlen von Lob – das ja auch eine Form des Feedbacks ist – dahingehend interpretiert, dass Sie ihre Arbeit nicht gut (genug) gemacht haben. In einer kürzlich erschienen Ausgabe des Sprachmagazins *Business Spotlight* wurde dieses Thema in einem Artikel diskutiert. Es hieß da unter anderem, dass das häufigste Feedback, das nicht-deutsche Manager über deutsche Manager abgeben, lautet, dass diese nicht genügend Feedback geben, und wenn sie es tun, dann ist es primär negativ und kritisch. Das bedeutet nicht, dass die deutschen Manager böse und gemein sind, sondern dass es in der deutschen Kultur eben nicht üblich ist, viel bzw. positives Feedback zu geben.

Somit ergibt sich im Hinblick auf Feedback die Situation, dass es im transkulturellen Arbeitsumfeld ein Werkzeug zur Diskussion und Beseitigung von Problemen ist, die aufgrund von Kultur- und Kommunikationsproblemen entstehen, dass das Werkzeug Feedback selbst aber wieder kulturell geprägt ist und dadurch neue Probleme schaffen kann. Feedback als kommunikativer Vorgang erfordert transkulturelle Kompetenz, da die Botschaft sonst

- nicht ankommt oder
- falsch interpretiert wird und

- den Ist-Zustand nicht verbessert, sondern
- den Ist-Zustand verschlechtert.

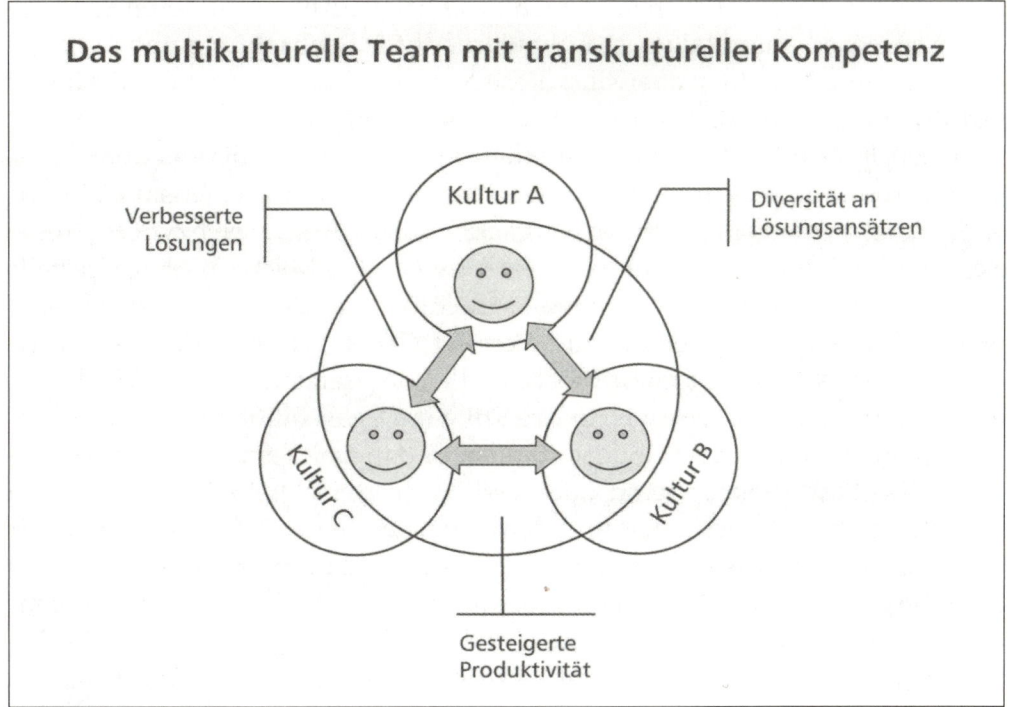

Abbildung 12: Das multikulturelle Team mit transkultureller Kompetenz

8.5 Einflussfaktor Macht

Wie und ob Feedback gegeben wird, hängt auch von den in einer Kultur gültigen Macht- und Hierarchieverhältnissen ab und von dem Maße, in dem in einer Kultur Macht und Hierarchie anerkannt und akzeptiert werden. In jeder Gesellschaft gibt es Ungleichheit – manche Menschen haben (in gewissen Situationen) mehr Macht als andere – und diese Ungleichheit beeinflusst auch, wie wir miteinander kommunizieren. Macht beeinflusst, wie Kinder mit Eltern kommunizieren, wie Schülerinnen mit Lehrerinnen kommunizieren, wie die Gespräche zwischen Angestellten und Vorgesetzten ablaufen etc. Die Kommunikation zwischen unterschiedlichen Machtebenen folgt kulturellen Normen, die im Zuge der Enkulturation erlernt werden. Kinder lernen sehr früh, wie sie mit ihren Eltern oder mit den Lehrern sprechen dürfen, genauso gibt es Muster, wie die Eltern mit ihren Kindern und die Lehrerinnen mit ihren Schülerinnen sprechen. Die Normen, Konventionen und Muster der Kommunikation werden teilweise bewusst – wenn z. B. Eltern ihren Kindern sagen: „Unterbrich mich nicht, wenn ich mit einem anderen Erwachsenen spreche!" – und teilweise unbewusst durch Beobachtung und Nachahmung gelernt. Vor allem aber sind diese Normen, Konventionen und Muster kulturgeprägt und von Kultur zu Kultur verschieden.

Geert Hofstede (1997) spricht in diesem Zusammenhang von der *Machtdistanz*, die er als kulturelle Dimension bezeichnet und als „Ausmaß, bis zu welchem die weniger mächtigen Mitglieder von Institutionen bzw. Organisationen eines Landes erwarten und akzeptieren, daß Macht ungleich verteilt ist." Besteht in einer Kultur eine große Machtdistanz, dann bedeutet das eine große Abhängigkeit derjenigen mit weniger Macht (z. B. Arbeiterinnen, Kinder) von denjenigen mit mehr Macht (z. B. Vorgesetzten, Eltern). Macht hat einen Einfluss darauf, wie wir unsere Rolle in Organisationen sehen, welche Aufgaben wir mit unserer Rolle verbinden und in welchem Ausmaß wir Hierarchiestrukturen akzeptieren oder wollen. In dem Dialog zwischen dem amerikanischen Vorgesetzten und dem Griechen hatten beide offensichtlich unterschiedliche Vorstellungen davon, wie jemand in einer größeren Machtposition agieren soll. Der griechische Mitarbeiter wollte klare Anweisungen, der Amerikaner wollte von seinem Mitarbeiter mehr Eigeninitiative. Das Interaktionsproblem lag nicht an der Akzeptanz der Hierarchieverhältnisse als solche, sondern an der Interpretation der Rollen.

Im Hinblick auf die Kommunikation im Unternehmen bedeutet das, dass seitens der Vorgesetzten ein eher patriarchalischer Kommunikationsstil angewendet wird, seitens der Untergebenen neigt man dazu, die Vorgesetzten nicht direkt anzusprechen bzw. ihnen nicht zu widersprechen. In einer Gesellschaft mit geringerer Machtdistanz besteht eine geringere Abhängigkeit derjenigen mit weniger Macht von denjenigen mit mehr Macht. Im Hinblick auf die Kommunikation im Unternehmen kann sich das daran zeigen, dass die Vorgesetzten einen eher konsultativen Kommunikationsstil bevorzugen, dass die Vorgesetzten immer ansprechbar sind und dass sich die Mitarbeiterinnen auch trauen, den Vorgesetzten zu widersprechen.

Solange Unternehmen bezüglich der kulturellen Herkunft der Mitarbeiterinnen homogen sind, werden diese Normen allgemein akzeptiert und stellen kein Problem dar. Probleme können jedoch dann auftreten, wenn bezüglich der Machdistanzen kulturelle Unterschiede zwischen den in einem Unternehmen tätigen Personen vorliegen. So kann es sein, dass eine Vorgesetzte aus einer Gesellschaft mit hoher Machtdistanz es gewohnt ist, sehr abrupte Anweisungen, sowohl schriftlich als auch mündlich, zu geben und dass diese von den Mitarbeiterinnen rasch und ohne Widerrede befolgt werden. Wird so eine Managerin in eine Niederlassung gesandt, in der die Mitarbeiterinnen diese Art von Kommunikationsstil und -verhalten nicht gewöhnt sind und in der die Mitarbeiterinnen es als in Ordnung finden, zu widersprechen und konstruktive Kritik zu üben, dann kann es rasch zu Interaktionsproblemen kommen. Umgekehrt kann es der Fall sein, dass eine Mitarbeiterin aus einer Kultur mit hoher Machtdistanz sich nur schwer dazu überwinden kann, in einem Team Meeting bei dem auch die Vorgesetzte teilnimmt, Input einzubringen – da sie eben daran gewöhnt ist, Anweisungen zu bekommen und diese nicht zu hinterfragen – und die Nicht-Teilnahme wird von der Vorgesetzten falsch interpretiert und als Ignoranz oder Desinteresse ausgelegt. Aber auch die Kommunikation zwischen im Unternehmen „Gleichgestellten" wird von der Machtdistanz beeinflusst. Die Machtdistanz beeinflusst,

- *ob* wir in einer Situation etwas sagen,
- *was* wir sagen und
- *wie* wir es sagen.

8.6   Individualismus und Kollektivismus

Neben der Kulturdimension der Machtdistanz hat Geert Hofstede noch einige weitere Kulturdimensionen festgelegt. Im Hinblick auf die transkulturelle Kommunikation im Unternehmen sollen noch die Begriffe Individualismus und Kollektivismus besprochen werden.

Es gibt Gesellschaften, in denen die Verbindungen zwischen den in ihr lebenden Individuen eher locker sind. In solchen Kulturen sorgt jeder für sich selbst und seine Kernfamilie, das Konzept der Freiheit ist sehr wichtig, genauso wie das „Ich". Für Menschen, die in einer solchen individualistischen Gesellschaft aufgewachsen sind, ist es von großer Bedeutung, dass sie ihre eigenen Vorstellungen auch am Arbeitsplatz umsetzen können, und durch Lösung herausfordernder Aufgaben das Gefühl haben, etwas zu erreichen. Der Ausdruck der eigenen Meinung ist ein wichtiger Aspekt des Lebens und somit auch des Arbeitens. Das Individuum hat einen hohen Stellenwert. Im Gegensatz dazu steht in kollektivistischen Gesellschaften das „Wir" im Zentrum. Die Bindungen zwischen den Individuen in der Gesellschaft sind stärker, die Gruppe hat einen höheren Stellenwert und der Begriff der Familie ist breiter gegriffen. Direkte Meinungsäußerungen und die damit verbundene Gefahr von Auseinandersetzungen werden vermieden. In den

Untersuchungen von Hofstede ergab sich, dass die USA, Australien und Großbritannien sehr stark individualistisch sind, die lateinamerikanischen Länder hingegen weisen einen nur sehr geringen Individualismusindex auf. (Der hohe Individualismusindex der USA könnte somit auch ein Faktor in der fehlgeschlagenen Zusammenarbeit zwischen dem amerikanischen Vorgesetzten und dem griechischen Mitarbeiter im vorhin angeführten Dialog gewesen sein, da der Individualismusindex beeinflusst, welche Aufgaben wir mit unserer Rolle verbinden.)

Die beschriebenen Aspekte sind Teil der Kultur eines Landes und, wie Hofstede gezeigt hat, auch bis zu einem gewissen Grad messbar. Während es nicht notwendig ist, Listen und Ränge zu kennen, ist es für Kommunikationsexpertinnen von Bedeutung, ihre Arbeitskulturen so weit zu kennen, um zu wissen, ob sie individualistisch sind, oder ob das „Wir" im Vordergrund steht und welche Rolle Hierarchien und Machtgefügen zugemessen wird. Diese Aspekte beeinflussen und bestimmen das Verhalten und als solches auch die Kommunikation, besonders dort, wo es um die persönliche Interaktion geht. Sie finden aber auch im Stil und in der Tonalität schriftlicher Texte (z. B eines Memo) ihren Ausdruck. In der Graphik des Eisbergs sind sie unter der Wasseroberfläche, sie sind die Steuerelemente, die das sichtbare und wahrnehmbare Verhalten bestimmen.

8.7   Humor und Religion

Aus der großen Menge an Elementen bzw. Bereichen, die zwischen Kulturen verglichen und deren Unterschiede zumindest bis zu einem gewissen Grade beschreibbar sind, werden hier noch zwei herausgenommen, nämlich Religion und Humor, da diese beiden Aspekte sowohl im Hinblick auf die Kommunikation mit den (potentiellen) Kundinnen als auch auf die Kommunikation im Unternehmen von Bedeutung sind. Humor ist ein häufig eingesetztes Element in der Werbung, und im transkulturellen Kontext ist diese Gestaltungsdimension nicht unproblematisch. Humor und Religion werden hier zusammen erwähnt, da sie in der Realität oft miteinander verbunden werden. Vieles, was an (vermeintlich) humoristischen Aussagen fällt, hat mit Religion zu tun hat, und die Art und Weise, wie man mit ethnischen und religiösen Gruppierungen in (vermeintlich) humoristischen Aussagen umgeht, ist von Kultur zu Kultur unterschiedlich.

Witze gehen nicht selten auf Kosten von ethnischen Gruppierungen, von fremden Kulturen, von Religionsgruppen und von Minderheiten. Kommunikationsexpertinnen muss bewusst sein, dass humoristische Aussagen sich nicht ohne Weiteres in andere Kulturen übertragen lassen und dass das Maß, in dem solche Witze akzeptabel sind, von Kultur zu Kultur sehr stark variieren kann. In der österreichischen Kultur ist es ist durchaus üblich, Witze und Aussagen zu tätigen, in denen man sich über das Fremde lustig macht. Das findet gesellschaftlich eine relativ breite Akzeptanz, da diese Aussagen „nicht böse" gemeint und folglich „harmlos" sind. Es ist eher die Kritik an solchen Aussagen, die auf Unverständnis und Inakzeptanz stößt, als die Aussagen selbst. Aus diesem Grund, ist diese Art von Humor auch sehr häufig in der Werbung zu finden – es gibt eine ganze Menge an Werbungen, wo jemand mit einem fremdländischen Akzent und vielleicht auch fehlerhaft Deutsch spricht, weil das eben als unterhaltsam eingestuft und offensichtlich auch so empfunden wird. Solche Werbungen bauen auf Stereotypen auf und verstärkten sie. Ein Beispiel dafür ist die Werbereihe eines großen Baumarktes, der bereits mehrere Werbespots gesendet hat, in denen die Werbebotschaft von Menschen aus anderen Kulturen, die Deutsch mit eben dem Akzent, den man den Kulturen zuspricht, übermitteln. Aktuell (Oktober 2008) läuft ein Werbespot, in dem das Subjekt Deutsch mit französischem Akzent spricht. Diese Art von Humor ist jedoch nicht überall gleich akzeptiert und im transkulturellen Bereich kann nicht angenommen werden, dass andere Länder diese Witze oder Werbungen genauso lustig finden. Humor ist aber auch in der unternehmensinternen Kommunikation ein wichtiges und vor allem alltägliches Element. Auch bei geschäftlichen Zusammenkünften werden humoristische Aussagen getätigt, oft, um die anfängliche Steifheit zu überwinden und das Eis zu brechen. Deshalb müssen Kommunikationsexpertinnen wissen, was in den Arbeitskulturen üblich, erlaubt und akzeptiert ist und was eben nicht bzw. welche Konsequenzen nicht akzeptables und politisch inkorrektes Verhalten hat.

Durch die Zusammenarbeit zwischen Menschen aus unterschiedlichen Kulturen kommt es auch zur Zusammenarbeit zwischen Menschen mit unterschiedlichen Religionen. Religion und religiöse Feiertage haben nicht in jeder Gesellschaft den gleichen Status. Nicht jede Gesellschaft übt die gleiche Religion aus und manche Gesellschaften sind im Hinblick auf die ausgeübten Religionen sehr homogen, wie z. B. Österreich oder Italien, andere hingegen sind sehr heterogen, wie z. B. die USA und Großbritannien. Kommunikationsexpertinnen sollten über die religiöse Zusammensetzung und den Stellenwert von Religion an sich aber auch den Stellenwert religiöser Feiertage Bescheid wissen, da sie Teil des allgemeinen Kulturwissens und -verständnisses sind. Religiöse Werte haben in vielen Kulturen einen starken Einfluss auf das Verhalten und auf die Art und Weise wie und wann Geschäfte abgewickelt werden. Im internationalen Umfeld kann auch nicht angenommen werden, dass alle Mitarbeiterinnen dieselben Feste feiern. Im globalen Unternehmen in der Mitarbeiterzeitschrift allen frohe Weihnachten zu wünschen oder Weihnachtsgrüße in anderer Form auszusenden, ohne jemals Wünsche zu anderen religiösen Feiertagen abzugeben, wäre da eine Bevorzugung einzelner Gruppierungen und könnte Probleme, auf jeden Fall aber den Unmut der betroffenen Mitarbeiterinnen, nach sich ziehen.

> Viele amerikanische Unternehmen senden keine Weihnachtsgrüße im herkömmlichen Sinn an ihre Mitarbeiterinnen und Kundinnen aus, sondern verwenden für Grüße, die eben um diese Jahreszeit ausgesendet werden, die Phrase „Season's Greetings". Somit wird kein Bezug zu nur *einer* Religion hergestellt, sondern es wird ein breiteres Zielpublikum im Hinblick auf die Religionszugehörigkeit angesprochen, da es zu dieser Zeit des Jahres in verschiedenen Religionen Feste gibt, und allgemein auf den Jahreswechsel Bezug genommen. Unternehmen vermeiden so eine Situation, in der ihnen Diskriminierung vorgeworfen werden könnte.

Abschließend zu diesem Thema soll ein Dialog angeführt werden, der verschiedene die Interaktion beeinflussende kulturelle Aspekte (Zeitbegriff, Kollektivismus, Religion) verdeutlicht.

Mr. Abu Bakr:	*Mr. Armstrong! How good to see you.*
Mr. Armstrong:	*Nice to see you again, Hassan.*
Mr. Abu Bakr:	*Tell me: How have you been?*
Mr. Armstrong:	*Very well, thank you. And you?*
Mr. Abu Bakr:	*Fine, fine. Allah be praised.*
Mr. Armstrong:	*I really appreciate your agreeing to see me about these distribution arrangements.*
Mr. Abu Bakr:	*My pleasure. So tell me: how was your trip? Did you come direct or did you have a stopover?*
Mr. Armstrong:	*No stopover this time. I'm on a tight schedule. That's why I'm so grateful you could see me on such short notice.*
Mr. Abu Bakr:	*Not at all. How is my good friend, Mr. Wilson?*
Mr. Armstrong:	*Wilson? Oh, fine, fine. He's been very busy with this distribution problem also.*
Mr. Abu Bakr:	*You know, you have come at an excellent time. Tomorrow is the Prophet's birthday – blessings and peace be upon him – and we're having a special feast at my home. I'd like you to be our guest.*
Mr. Armstrong:	*Thank you very much. Now about these plans.*

(Storti: 1994)

8.8 Kommunikationsexpertinnen in transkulturellen Arbeitssituationen

Kommunikationsexpertinnen sind durch ihre Tätigkeit der Kommunikationsermöglichung für Menschen aus unterschiedlichen Kulturen grundsätzlich immer zwischen Kulturen – transkulturell – tätig. Sie setzen ihre Kulturkompetenz dazu ein, anderen Menschen transkulturelle Interaktion und Kooperation zu ermöglichen. Kommunikationsexpertinnen, besonders wenn sie in einem Wirtschaftsbetrieb oder einer Agentur, wie z. B. einer Übersetzungsagentur oder einer PR-Agentur, angestellt sind, können auch selbst Teil von transkulturellen Teams sein. Gerade durch ein Studium der transkulturellen Kommunikation wächst die Wahrscheinlichkeit, dass man auch selbst im internationalen Umfeld tätig ist. Im folgenden Beispiel wird eine reale Situation geschildert.

> Eine österreichische Übersetzerin ist in den USA in einem Übersetzungsbüro als Übersetzerin für Deutsch tätig. Ihre Chefin, die Besitzerin des Büros, ist Amerikanerin, deren Mann, der mit ihr das Büro leitet, ist Deutscher. Die weiteren fix angestellten Personen im Übersetzungsbüro sind eine Amerikanerin, die gleichzeitig Projektmanagerin und Übersetzerin für Italienisch ist (sie hat lange Zeit in Italien gelebt), eine Chilenin als Übersetzerin für Spanisch, eine Deutsche als Terminologieverwalterin und ein Deutscher als IT-Experte. Es gibt eine Grafikabteilung, in der ein Amerikaner und eine Amerikanerin tätig sind. Wie in jedem Übersetzungsbüro gibt es auch viele freiberufliche Mitarbeiterinnen, diese stehen aber primär per Telefon und E-Mail mit den Angestellten in Kontakt. Für mehrere Stunden in der Woche kommen auch ein Araber, ein Chinese und ein Koreaner ins Büro, vor allem auch deshalb, da die Grafiker in diesen Sprachen Unterstützung benötigen. Es ist üblich, dass bei Projektbesprechungen Personen aus mindestens vier bis fünf unterschiedlichen Kulturen am Tisch sitzen, häufig sind es aber mehr.

Für Translatorinnen sind solche Situationen, in denen sie nicht nur für andere Kommunikation und Kooperation ermöglichen, sondern auch selbst in transkulturellen Arbeitssituationen erfolgreich kommunizieren und kooperieren müssen, nicht ungewöhnlich. Als transkulturell geschulte und kompetente Expertinnen müssen sie in der Lage sein, in solchen Situationen erfolgreich interagieren und kooperieren zu können. Erfolgreiche transkulturelle Kooperation beinhaltet die Diskussion von Aufgaben, Ansätzen, Prozessen und Problemlösungen und erfordert Zuhören, Verstehen, in

Erwägung ziehen, Kompromisse eingehen aber auch die Verbalisierung und das Verständlichmachen der eigenen Position sowie deren Verteidigung – auch in einer Arbeitssprache, die nicht die Muttersprache ist. All das sind Kompetenzen, die für Kommunikationsexpertinnen auch im Gespräch mit ihren Auftraggeberinnen von Bedeutung sind, da die Beziehung zwischen einer Auftraggeberin – ob es sich dabei um eine Auftraggeberin aus einem Wirtschaftsbetrieb oder einer Übersetzungsagentur handelt – und einer Translatorin ja auch eine transkulturelle Arbeitssituation darstellen kann, wenn diese aus einer anderen Kultur stammt.

8.9 Kapitelzusammenfassung

- Im Zuge der Internationalisierung kommt es nicht nur zu transkulturellen Kontaktsituationen mit der externen Öffentlichkeit, sondern es entstehen auch Mitarbeiterinnenstrukturen, die kulturell nicht mehr homogen sind. Transkulturelle Kommunikation wird so im internationalen Unternehmen zum alltäglichen Ereignis.

- Grenzüberschreitende Zusammenarbeit zwischen Unternehmen birgt ein besonders großes kulturelles Konfliktpotential. Um das Konfliktpotential besser einschätzen zu können und entsprechende Schritte zur Vermeidung von Schwierigkeiten setzen zu können, führen Unternehmen Prüfungen durch, die als Cultural Due Diligence bezeichnet werden.

- Beim Prozess der Cultural Due Diligence wird vor allem die Verträglichkeit der Unternehmenskulturen geprüft. Diese bezeichnen die im Unternehmen gültigen Wertvorstellungen und Normen.

- Transkulturelle Teams weisen aufgrund ihres kulturellen Hintergrunds eine hohe Diversität im Hinblick auf Vorgehensweisen und Lösungsansätze auf. Diese kann, wenn richtig damit umgegangen wird, für die Gruppe eine Bereicherung darstellen.

- Feedback dient im Unternehmen dazu, Zustände oder Personen zu verbessern. Im transkulturellen Umfeld dient Feedback auch dazu, Probleme, die bei der Zusammenarbeit entstehen können, zu überwinden.

- Da Feedback als kommunikatives Element kulturell verankert ist, birgt es selbst auch ein Konfliktpotential und kann sogar zu erneuten Problemen führen.

- Feedback und die Machtverhältnisse einer Kultur hängen eng zusammen. Die in einer Kultur bestehende Machtdistanz, also das Maß, in dem

Personen mit weniger Macht akzeptieren, dass andere mehr Macht haben, beeinflusst die Kommunikation.

- Andere wichtige Elemente die Kommunikation betreffend sind Humor und Religion. Diese Aspekte spielen im globalen Unternehmen selbst eine große Rolle, aber auch in der Kommunikation mit den Kundinnen (z. B. in der Werbung) und erfordern ein hohes Maß an kultureller Kompetenz.

- Auch Kommunikationsexpertinnen können im Rahmen ihrer Tätigkeit Teil eines transkulturellen Arbeitsteams sein und müssen in der Lage sein, in solchen Situationen erfolgreich zu kooperieren.

8.10 Quellen und weiterführende Literatur

Adler, Nancy J. 1997. *International Dimensions of Organizational Behavior*. Boston.

Dignen, Bob. 2007. „From me to you." In: *Business Spotlight*, Ausgabe 2/07, 66-73.

Hofstede, Geert. 1997. *Lokales Denken, globales Handeln. Kulturen, Zusammenarbeit und Management*. München: dtv.

Storti, Craig. 1994. *Cross-Cultural Dialogues*. Boston/London: Intercultural Press. Inc.

Unger, Fritz & Durante, Nadia & Rose, Peter M. 2000. *Kommunikations- und Identitätspolitik. Band 6 Examenswissen Marketing*. Köln: Fortis Verlag.

Thomas, Alexander & Kinast, Eva-Ulrike & Schroll-Machl, Sylvia (Hg.). 2005 *Handbuch Interkulturelle Kommunikation und Kooperation. Band 1: Grundlagen und Praxisfelder*. Göttingen: Vandenhoeck&Ruprecht.

www.mercer.com/beyondborders (besucht 11/2008)

9 Arbeiten in einer fremden Kultur

9.1 Arbeiten im Ausland – ein Merkmal der globalisierten Wirtschaft

In diesem Buch wurde bereits ausführlich darüber gesprochen, dass Produkte Grenzen überschreiten und dass Kommunikation dabei eine wichtige Rolle spielt. Grenzen werden aber in der globalisierten Wirtschaft nicht nur von Produkten, sondern auch von Menschen überschritten. Es gibt viele Menschen, die, befristet oder unbefristet, in andere Länder gehen, um dort zu leben und zu arbeiten. Ein solcher Schritt kann mit einer negativen Situation oder der generell schlechten Lage im Heimatland zusammenhängen – vielleicht hat man zuhause die Arbeitsstelle verloren und findet keine neue, vielleicht ist die Bezahlung im Heimatland schlecht und man geht in ein Land mit höherem Lohnniveau – er kann aber auch aus Interesse, aus Abenteuerlust oder mit dem Ziel der Verbesserung der Qualifikationen und der Erhöhung der Karrierechancen erfolgen.

Menschen gehen aus Eigeninitiative in fremde Länder, um dort zu arbeiten, Menschen werden aber auch im Rahmen ihrer Tätigkeit für ein Unternehmen oder eine Organisation aufgrund ihrer Kompetenzen ausgewählt, eine neue Aufgabe in einem fremden Land zu übernehmen. Sie gehen als Entsandte des Unternehmens oder der Organisation in ein fremdes Land. Studien zeigen, dass die Zahl der Auslandsentsendungen mit der zunehmenden Ausweitung der Unternehmensaktivitäten auf andere Länder ansteigt. Berufliche Auslandsaufenthalte sind ein weiteres Merkmal der globalisierten Wirtschaft.

Auslandsaufenthalte bedeuten für diejenigen, die einen solchen Schritt tätigen, meist eine große Bereicherung in beruflicher und in persönlicher Hinsicht. Für Kommunikationsexperten, die zwischen Kulturen tätig sind und deren wichtigstes Werkzeug ihre außergewöhnliche Kulturkompetenz ist, sollte ein nicht-touristischer Auslandsaufenthalt in den Arbeitskulturen ein unerlässlicher Schritt sein. Wenn ein Translator ein oder mehrere Jahre im Land einer seiner Arbeitskulturen verbringt, dann wird er sich Erkenntnisse aneignen und Erfahrungen machen, die er im eigenen Land nie hätte machen können. Er wird in der Lage sein, die Verbindung zwischen der gelernten und der gelebten Sprache und Kultur herzustellen und große Fortschritte im

Hinblick auf den situationsgerechten Einsatz der Sprache machen. Gerade der kultur- und situationsgerechte Einsatz der sprachlichen Mittel ist für Lernende eine große Hürde, die sich am besten durch den direkten Kontakt mit der fremden Kultur überwinden lässt. Die im Rahmen eines Auslandsaufenthaltes erworbenen Erkenntnisse und Erfahrungen werden sich mit hoher Wahrscheinlichkeit positiv auf die Sicherheit im Umgang mit der Sprache und die Qualität der Arbeit aber auch auf die Position am Arbeitsmarkt auswirken. Viele Unternehmen wollen heute Mitarbeiter mit Auslandserfahrung, und für Kommunikationsexperten ist das besonders wichtig.

Obwohl ein beruflicher Auslandsaufenthalt positive langfristige Auswirkungen auf die Person und ihre Chancen auf dem Arbeitsmarkt haben kann, so stellen sich kurzfristig oft Probleme, denn besonders auf emotionaler Ebene ist ein solcher Schritt nach anfänglicher Begeisterung häufig mit großen Schwierigkeiten verbunden. Die Probleme und der Prozess der Anpassung an die fremde Kultur werden im Anschluss entsprechend des Themenbereichs dieses Manuals anhand von Entsandten in internationalen Unternehmen beschrieben, sie treffen aber auch auf Personen zu, die eigenständig ins Ausland gehen und sind keinesfalls nur auf einen Bereich beschränkt.

9.2   Auslandsentsendungen

Eine sehr intensive Form des transkulturellen Kontakts findet dann statt, wenn Mitarbeiter in ausländische Niederlassungen oder Partnerunternehmen entsendet werden. Eine Auslandsentsendung ist ein längerer aber zeitlich begrenzter berufsbedingter Aufenthalt eines Mitarbeiters eines Unternehmens oder einer Organisation im Ausland. Was die Zeitspanne betrifft, so spricht man meist erst dann von einer Entsendung, wenn sich diese über mehr als 6 Monate erstreckt, es gibt aber auch kurzfristige projektbezogene Einsätze. Häufig sind solche Auslandsentsendungen zeitlich auf drei bis fünf Jahre begrenzt. Aus finanziellen Gründen – Auslandsentsendungen sind für die Mitarbeiter oft mit (finanziellen) Begünstigungen (z. B. der Besuch einer Privatschule für die Kinder oder die Bezahlung der Miete) und somit für Unternehmen mit hohen Kosten verbunden – sind längere Auslandsaufenthalte nicht üblich. Das Besondere bei Auslandseinsätzen von Mitarbeitern ist, dass es zu sehr intensiven Kontakten mit der fremden Kultur als Ganzes kommt – im Gegensatz zu einem Geschäftstreffen, einem Telefonat oder einer E-Mail, wo es nur zum Kontakt mit Ausschnitten bzw. einzelnen Aspekten der fremden Kultur kommt und die bei weitem nicht die

Intensität der transkulturellen Erfahrung einer Entsendung aufweisen – da sich das Leben ja zur Gänze in dieser Kultur abspielt.

Häufig, besonders wenn es um die Entsendung von Managern geht, betreffen die Kulturkontakte aufgrund des Lebensabschnittes des Entsandten nicht nur diesen selbst, sondern auch seine Familie. Entsendungen von Familien sind durchaus üblich, besonders wenn der Entsandte Teil des Managements eines Unternehmens ist. Studien belegen, dass ein Großteil der entsandten Mitarbeiter Männer sind, was natürlich auch mit der Tatsache, dass sich in Unternehmen mehr Männer als Frauen in Führungspositionen befinden, widerspiegelt. Laut *Mercer Human Resource Development* lag der Anteil weiblicher *Expatriates* 2005/2006 weltweit bei 15 %, wobei Europa mit 10 % Frauenanteil doch deutlich nachhinkt, insgesamt sind die Frauenanteile aber im Steigen begriffen.

Auslandsentsendungen werden nicht selten abgebrochen. Warum bergen sie ein so großes Risiko? Das Risiko bei Auslandsentsendungen ergibt sich aus dem am Anfang dieses Manuals besprochenen Prozess der Enkulturation. Im Laufe unserer Entwicklung wachsen wir in eine Kultur hinein, wir erwerben grundlegende Werte und Verhaltensweisen, die in der eigenen Kultur Gültigkeit haben und es uns ermöglichen, in ihr zu funktionieren. In der fremden Kultur hingegen haben wir diesen Prozess der Enkulturation nicht durchlaufen. Die Werte und Verhaltensweisen, die uns vertraut sind und in unserer Kultur funktionieren, funktionieren in der neuen Kultur nicht unbedingt und nicht einwandfrei und manchmal auch gar nicht, sondern führen immer wieder zu ungewohnten, unangenehmen, peinlichen, überraschenden etc. Situationen, die, wie an den verwendeten Adjektiven zu erkennen ist, oft von intensiven Emotionen begleitet sind, die sich primär im negativen Gefühlsspektrum bewegen. Das Neue und Fremde löst heftige Gefühle aus, Gefühle der Angst, Hilflosigkeit und sogar Feindseligkeit. Abgesehen von der Ebene der Werte und Verhaltensweisen, sozusagen des Eisbergteils unter Wasser, sind es auch ganz banale Dinge, die für den Gast ungewohnt sind und deshalb die erwähnten Gefühle hervorrufen. So können ganz alltägliche Dinge wie der Lebensmitteleinkauf und der Friseurbesuch zu unüberwindlich scheinenden Hürden werden. Die Entsandten müssen also die grundlegenden Werte und Verhaltensweisen einer neuen Kultur erlernen, um sich erfolgreich in das soziale Gefüge eingliedern und in der neuen Kultur funktionieren zu können.

9.3 Kulturschock

Geert Hofstede, ein Experte für internationales Management und interkulturelle Fragen, beschreibt Auslandsentsendungen entlang einer Kurve, die mehr oder weniger u-förmig verläuft. Auslandsentsendungen folgen auf emotionaler Ebene einem gewissen Ablauf, wobei die Emotionen in den verschiedenen Phasen unterschiedliche stark sein können. Die U-Kurve kann abgeflachter oder ausgeprägter sein, die Wahrscheinlichkeit, dass sie stattfindet, ist jedoch sehr hoch.

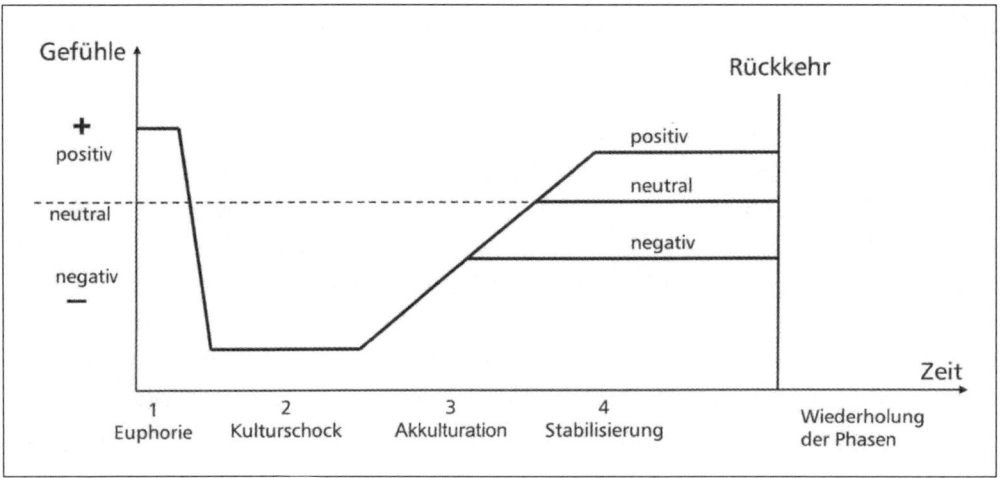

Abbildung 13: Kurve der kulturellen Anpassung

Der Prozess der kulturellen Anpassung lässt sich in vier Phasen unterteilen. Die erste Phase ist die der *Euphorie*. In der Phase der Euphorie überwiegen positive Gefühle – Aufregung, Erwartung, Spannung, (Vor)Freude etc. Die euphorischen Gefühle setzen unterschiedlich lange vor Antritt des Auslandsaufenthaltes ein, sobald man im fremden Land angekommen ist, dauern sie meist nicht sehr lange an. Insgesamt ist diese Phase relativ kurz.

Die zweite Phase ist die des *Kulturschocks*. In dieser Phase wandeln sich die positiven Gefühle sehr rasch zu negativen. Kulturschock beginnt grundsätzlich dann, wenn der Alltag einsetzt – der Entsandte beginnt nach ein paar Tagen der Begrüßung und des Kennenlernens mit seiner Tätigkeit, der Partner zuhause ist plötzlich alleine, die Kinder müssen sich in den Schulalltag einfinden, diverse Aktivitäten des alltäglichen Lebens, die zuhause so selbstverständlich und leicht waren, werden auf einmal zu großen Hürden. Kulturschock wird ausgelöst durch die Tatsache, dass man sich in einer fremden

Umwelt, die man nicht versteht, zurechtfinden muss. Das eigene Verhalten bzw. die Verhaltensweisen, die man immer als normal und normativ betrachtet hat, sind plötzlich unangebracht und passen nicht in das neue Umfeld. Oft kann man nur schwer definieren, welche „Fehler" man macht und was genau nicht stimmt. Verstärkt werden diese Gefühle durch scheinbar banale Dinge des alltäglichen Lebens, wie der vorhin erwähnte Lebensmitteleinkauf oder Friseurbesuch – man findet die gewohnten Lebensmittel nicht und kann dem Friseur nicht erklären, wie man die Haare gerne geschnitten hätte.

Der Kulturschock wird oft von der Familie bzw. dem Partner des Entsandten stärker empfunden als vom Entsandten selbst. Das ist so zu erklären, dass der Entsandte sofort eine Aufgabe hat, die ihm meist nicht völlig fremd ist, und mit dieser neuen Aufgabe beschäftigt ist. Zudem kennt er möglicherweise bereits einige der Mitarbeiter am neuen Arbeitsplatz. Der Partner hingegen ist den angesprochenen alltäglichen Hürden stärker ausgesetzt, ist meist viel alleine und hat kein soziales Netzwerk. Dort, wo auch Kinder dabei sind, ist er zudem der erste und anfänglich oft einzige Ansprechpartner für deren Probleme und Anpassungsschwierigkeiten. Während eine Entsendung für den entsandten Mitarbeiter eine berufliche Bestätigung seiner Kompetenzen und eine neue spannende, wenn auch schwierige Aufgabe bedeutet, kann sie für den Partner mit der Aufgabe einer Arbeitsstelle im Heimatland und somit mit einem beruflichen Verlust verbunden sein.

Kulturschock äußert sich sowohl auf der Gefühlsebene als auch körperlich und im Verhalten. Abgesehen von den erwähnten negativen Gefühlen wie Hilflosigkeit, Einsamkeit, Langeweile und Heimweh kann es zu Schlafstörungen, Appetitverlust, Konfusion, Leistungsabfall und Beziehungsstress kommen, um nur einige zu nennen. Kulturschock kann in schweren Fällen zu Krankheit führen. Diese Phase kann mitunter auch sehr lange andauern und sich über mehrere Monate erstrecken. Kulturschock kann zum Abbruch der Entsendung führen.

9.4   Akkulturation und Stabilisierung

Die nächste Phase ist die der *Akkulturation*. In dieser Phase wenden sich die Gefühle wieder zum Positiven. Der Besucher beginnt zu lernen, sich in der neuen Kultur zurechtzufinden und unter den neuen Bedingungen zu leben. Die alltäglichen Hürden verschwinden, die Verhaltensweisen der fremden Kultur sind nicht mehr so fremd, man nimmt auch einige der Werte und Verhaltensweisen der Einheimischen an, zumindest jedoch baut man dafür Verständnis auf. Ein wichtiger Aspekt dieser Phase ist auch das Aufbauen von sozialen Netzwerken, das Kennenlernen von Kollegen und Nachbarn und das Schließen von Freundschaften, wodurch die Gefühle der Einsamkeit und Hilflosigkeit abgebaut werden. Akkulturation ist kein plötzliches Ereignis, sondern vollzieht sich langsam und stetig, wobei man sich der Tatsache, dass man sich anpasst und vielleicht auch Eigenheiten der neuen Kultur annimmt, häufig nicht bewusst ist.

Schließlich kommt es zu einer *Stabilisierung* im Hinblick auf die Gefühle und zum Eintritt in die vierte Phase, die Phase der Stabilität. Diese Phase kann sich auf unterschiedlichen Gefühlsebenen abspielen. Sie kann primär mit negativen Gefühlen behaftet sein, was bedeutet, dass die Akkulturation nur bedingt oder gar nicht erfolgreich war. Der Besucher fühlt sich nicht integriert, fühlt sich vielleicht sogar diskriminiert, und der Vergleich mit zuhause fällt immer negativ aus. In solchen Fällen kann es auch in diesem Stadium zum Abbruch der Entsendung kommen. Die Phase der Stabilisierung kann neutral verlaufen. Der Besucher hat sowohl positive als auch negative Gefühle seiner neuen Umwelt gegenüber. Man kann in der neuen Kultur zwar gut leben, freut sich aber auch schon wieder auf zuhause. Die dritte Form der Stabilität ist eine weitgehend positive, bei der die positiven Gefühle der neuen Kultur gegenüber überwiegen. Man hat sich sehr gut eingelebt und das Gefühl, dass das Leben in der neuen Umgebung besser ist als zuhause. Der Besucher hat sich viele Eigenheiten der neuen Kultur zueigen gemacht. In solchen Fällen würde der Entsandte lieber im Gastland bleiben, als zurückzukehren.

Eine Phase, die sich in Hofstedes Kurve nicht wieder findet, ist die der Rückkehr ins Heimatland. Die Rückkehr der Entsandten ist häufig nicht unproblematisch, und es kommt im Grunde immer zu einem Kulturschock, dem *Re-Entry Schock*. Dieser hat wiederum unterschiedlich starke Ausprägungen, tritt jedoch nicht nur, wie man vielleicht meinen könnte, bei Entsandten auf, die im Gastland gut integriert waren, sondern auch bei denjenigen, deren Auslandsaufenthalt mit sehr starken negativen Gefühlen behaftet war und die sich nach der Rückkehr sehnten. Gründe für den Re-Entry Schock können sowohl beruflicher als auch privater/persönlicher Natur sein. Möglicherweise genoss der Entsandte in der Niederlassung höheres Ansehen oder fand seine Beschäftigung interessanter, als das zuhause der Fall ist. Möglicherweise hat er sich im Ausland aufgrund der Erlebnisse und Erfahrungen stark verändert und kommt deshalb mit den „alten Bekannten und Freunden" nicht mehr so gut zurecht. Bei extrem gut Integrierten, den Personen auf die die stabile Phase drei zutraf, kann mitunter eine Wiedereingliederung unmöglich sein. Wenn es bei der Rückkehr zu einem Kulturschock kommt (was mit hoher Wahrscheinlichkeit der Fall ist), dann folgen auf diesen die bereits in der Graphik dargestellten Phasen der Akkulturation und Stabilität. Es kommt zu einer Wiederholung des gesamten Ablaufs.

9.5 Auslandsentsendungen und Interaktionsprobleme

Untersuchungen zum Thema Abbruch von Mitarbeiterentsendungen haben interessante Ergebnisse gezeigt, die in sich wiederum die Bedeutung von Kulturunterschieden widerspiegeln. Bei einer Untersuchung der Gründe für den Abbruch von Entsendungen von US-amerikanischen, europäischen und japanischen Mitarbeitern ergab sich, dass der Hauptgrund für den Abbruch seitens amerikanischer und europäischer Entsandter die Unfähigkeit des Partners war, sich an die neue Umwelt anzupassen. Dies zeigt, wie schwierig es vor allem für den Partner, in vielen Fällen die Frau, ist, mit dem neuen Leben zurechtzukommen. Im Gegensatz dazu wurde als Hauptgrund für den Abbruch von Entsendungen seitens japanischer Manager die Unfähigkeit genannt, mit der mit dem Auslandsaufenthalt einhergehenden größeren Verantwortung umzugehen. Die Unfähigkeit des Partners sich anzupassen wurde von den japanischen Managern erst an fünfter Stelle genannt. (Die Aussagen der Manager lassen Schlüsse zu im Hinblick auf die Kultur und die Rolle der Frau in der Gesellschaft.)

Probleme bei der Interaktion sind, da Interaktion über Kommunikation stattfindet, im Grunde oft Kommunikationsprobleme. Sie werden jedoch nicht immer als solche erkannt. Dazu wurde am Institut für Interkulturelle Kommunikation in Aachen eine Befragung von britischen Managern und z.T. ihren Frauen, die bereits seit mehreren Jahren in Deutschland leben und arbeiten, durchgeführt. Es handelte sich dabei um eine Fragebogenerhebung in kleinem Rahmen und um ausgewählte Interviews in Folge. Im Fragebogen ging es darum, ob die Briten im Umgang mit den Deutschen und dem Leben in Deutschland irgendwelche Probleme, und insbesondere Kommunikationsprobleme, hätten. Keiner der Befragten nannte Kommunikationsprobleme oder Missverständnisse bei der Interaktion mit den Deutschen, jedoch wurde bei den sonst genannten Problemen erwähnt, dass die Deutschen ausgesprochen unhöflich seien. In den daraufhin folgenden Interviews konnte festgestellt werden, dass die Unhöflichkeit sich kommunikativ manifestierte, nämlich

1. in der geringeren Verwendung von *bitte* und *danke* im Vergleich zu den von den Befragten als äquivalent empfundenen englischen Ausdrücken *please* und *thank you* und

2. im höheren Grad an Direktheit, mit der Deutsche Bitten vorbringen und allgemein Aufforderungen realisieren.

> Die befragten Briten interpretierten Verhalten als höflich oder unhöflich auf der Folie ihrer kulturbedingten Erwartungen über das Vorkommen von *please* und *thank you* und – in unangemessener Analogie – von *bitte* und *danke* und verdichteten das gehäufte Vorkommen von Verhalten, das von dieser Erwartung abwich, zu einer stereotypen Charaktereigenschaft „der Deutschen". Ihrer Einschätzung nach verwenden die Deutschen *bitte* und *danke* so selten, **weil** sie unhöflich sind. Bei den Interviewten bestand nicht die Auffassung, daß der konventionell seltenere Gebrauch von *bitte* und *danke* bei Interaktionspartnern, die ihrem Verhalten ein anderes „Höflichkeitsschema" zugrunde legen, zu einem **Eindruck** von Unhöflichkeit führt. (Knapp-Potthoff: 1994)

9.6   Training und Vorbereitung

Die Vorbereitung von Mitarbeitern auf bevorstehende Auslandentsendungen ist sehr wichtig und kann dazu beitragen, dass der Kulturschock nicht so intensiv ausfällt bzw. dass das Eintreten des Kulturschocks bewusster empfunden und als normal erkannt wird, was wiederum den Umgang damit erleichtern kann. Vor allem aber ist, wie an den genannten Gründen für den Abbruch sichtbar wurde, eine Vorbereitung der Familienmitglieder, insbesondere des begleitenden Partners, von enormer Wichtigkeit. Vorbereitung sollte dabei mehr sein, als ein Sprachkurs. Sprachkurse sind ein wichtiger Bestandteil einer Vorbereitung auf einen Auslandsaufenthalt, da sie den Entsandten helfen, sich in ihrer neuen Umwelt zurechtzufinden und zumindest grundlegende Dinge zu verstehen und erfragen. Es ist auch anzunehmen, dass gute Sprachkenntnisse – wobei hier keine empirischen Daten vorliegen – den Kulturschock mindern und die Akkulturation beschleunigen können, da eine raschere Überwindung von Alltagshürden und ein rascherer Aufbau von sozialen Netzwerken möglich ist. Laut der bereits erwähnten Studie von *Mercer Human Resource Consulting* bieten 60 % der Unternehmen ihren zukünftigen Entsandten und Familien ein interkulturelles Training an, etwa 72 % bieten einen Sprachkurs. Sobald die Entsandten einmal im Gastland sind, sind sie meist auf sich alleine gestellt. Gerade im Gastland würden viele entsandte Mitarbeiter und ihre Familien aber Hilfe benötigen, da der Kulturschock ja nicht vor der Abreise eintritt, sondern eben erst nach kurzer Zeit im Gastland.

Die Vorbereitung auf eine Auslandsentsendung sollte durch Experten erfolgen, die beide Kulturen – die des Entsandten und die des Gastlandes – gut
kennen und in der Lage sind, Unterschiede zu erkennen und zu vermitteln
und auch aufgrund ihrer transkulturellen Kompetenz zu antizipieren, mit
welchen Interaktionsproblemen der Entsandte und seine Familie möglicherweise oder wahrscheinlich konfrontiert sein werden. So können Probleme
zwar nicht vermieden werden, sie können durch die Antizipation jedoch ab-
geschwächt bzw. es können Gegenmaßnahmen getroffen werden. Auf jeden
Fall muss ein Training die Kultur als Gesamtes umfassen und sollte nicht auf
die Sprache beschränkt bleiben. Auch die Kenntnis dessen, was im Hinblick
auf die Gefühlsebene zu erwarten ist und dass gewisse Gefühle und das Phä-
nomen des Kulturschocks normale Abläufe darstellen, kann den Umgang
damit vor Ort erleichtern.

Bei der Vorbereitung auf einen Auslandsaufenthalt sollte es jedoch nicht
primäres Ziel sein, alle möglichen Probleme zu identifizieren und aus dem
Weg zu räumen (das wäre auch nicht möglich). Vielmehr sollte es um ein Be-
wusstmachen der Besonderheiten von transkulturellen Interaktionen gehen.
Selbstverständlich ist es für die Entsandten eine Hilfe, wenn sie mit den „Dos
and Don'ts" einer Kultur vertraut gemacht werden, wichtiger ist aber die
Vermittlung der Tatsache, dass die eigenen Normen und Maßstäbe nicht universelle Gültigkeit haben.

9.7 Kapitelzusammenfassung

- In der globalisierten Wirtschaft werden Grenzen nicht nur von Produkten, sondern auch von Arbeitskräften überschritten.

- Berufliche Auslandsaufenthalte sind ein Merkmal der globalisierten
Wirtschaft. Sie bedeuten eine sehr intensive Form des transkulturellen
Kontakts mit der Kultur eines fremden Landes.

- Auslandsentsendungen sind von sehr starken Emotionen begleitet. Auf
der Gefühlsebene folgen im Prinzip alle Entsendungen einem bestimmten Ablauf, der sich in vier Phasen gliedert.

- Die erste Phase ist die der Euphorie, die vor der Entsendung und ganz am
Anfang des Auslandsaufenthaltes steht, jedoch von kurzer Dauer ist.

- Die zweite Phase ist die des Kulturschocks. Diese Phase ist von extrem negativen Gefühlen begleitet, die sich auch in krankheitsartigen Sympto-
men äußern können.

- Die dritte Phase ist die der Akkulturation, in der sich der Entsandte langsam an seine neue Umgebung gewöhnt und lernt, sich zurechtzufinden.

- Die letzte Phase ist die der Stabilität, die entweder mit primär negativen, mit neutralen oder mit primär positiven Gefühlen behaftet sein kann.

- Interaktionsprobleme sind oft Kommunikationsprobleme, werden aber nicht als solche erkannt.

- Bei der Rückkehr tritt in den meisten Fällen ebenfalls ein Kulturschock ein. Dieser hat sowohl persönliche als auch berufliche Gründe.

- Transkulturelles Training sollte Teil der Vorbereitung auf einen Auslandsaufenthalt sein. Reine Sprachkurse können die mit ziemlicher Wahrscheinlichkeit eintretenden Interaktionsprobleme nicht vermeiden.

9.8   Quellen und weiterführende Literatur

Hofstede, Geert. (1997). *Lokales Denken, globales Handeln. Kulturen, Zusammenarbeit und Management.* München:dtv.

Knapp-Potthoff, Annelie. (1994) „Training interkultureller Kommunikationsbewusstheit." In: Bungarten, Theo (Hg.) *Kommunikationstraining und –trainingsprogramme im wirtschaftlichen Umfeld.* Tostedt: Attikon-Verlag, 160-177.

Thomas, Alexander & Kinast, Eva-Ulrike & Schroll-Machl, Sylvia (Hg.). 2005. *Handbuch Interkulturelle Kommunikation und Kooperation. Band 1: Grundlagen und Praxisfelder.* Göttingen: Vandenhoeck&Ruprecht.

www.mercer.de (besucht 05/2008)

10 Abschließende Bemerkungen zur Rolle von Kommunikationsexpertinnen

10.1 Expertinnen, die für andere Kommunikation ermöglichen

Kommunikationsexpertinnen werden gebraucht, um Personen, die transkulturell nicht ohne Hilfe kommunizieren können, diesen Vorgang zu ermöglichen oder zumindest zu erleichtern. In dieser Funktion geht es primär darum, dass Botschaften, sowohl schriftlich festgelegte als auch mündliche, von der Kommunikationsexpertin neu kodiert werden, damit sie bei der Empfängerin ankommen und den gewünschten Effekt haben. Die Kommunikationsexpertin ist dabei für eine Auftraggeberin tätig, diese kann – muss aber nicht – identisch sein mit der Senderin der Botschaft. Wenn eine Mitarbeiterin der Kommunikationsabteilung eine Translatorin beauftragt, eine Aussendung zu übersetzen, die in dieser Abteilung verfasst wurde, dann sind Auftraggeberin und Senderin identisch. Wenn eine Translatorin von einer Werbeagentur den Auftrag bekommt, für eine Firma einen Werbeslogan zu übersetzen, dann sind Auftraggeberin und Senderin nicht identisch. Das ist gerade im Marketing häufig der Fall, da viele Unternehmen externe Agenturen zur Bewältigung ihrer Kommunikation mit den Kundinnen auf den internationalen Märkten einschalten und Aufgaben aus dem Bereich der Kommunikation ausgelagert werden.

Wir wissen, dass es unabdingbar für die Tätigkeit von Translatorinnen ist, umfassende Informationen zu Kommunikationsziel und Zielgruppe zu bekommen. Wenn diese Informationen nicht automatisch mitgeliefert werden, dann ist es auch Aufgabe der Kommunikationsexpertin, diese Informationen einzufordern. Konkret bedeutet das, dass es nicht sein darf, dass die Translatorin einen Mangel an Informationen akzeptiert, sondern sie muss selbst tätig werden, um den Mangel zu beheben, auch wenn das in der Realität nicht immer ganz einfach und mit Hürden verbunden ist. Ein solches selbstbewusstes Vorgehen seitens der Kommunikationsexpertinnen kann auch bewusstseinsbildend auf die Auftraggeberinnen wirken. Es liegt an den Auftragnehmerinnen, die Auftraggeberinnen darüber zu informieren, was sie brauchen, um den Auftrag optimal erfüllen zu können. Dazu soll hier ein Zitat aus einer Fallstudie (Framson: 2007) angeführt werden, wo sich die PR-Managerin eines großen Unternehmens mit internationaler Tätigkeit folgendermaßen äußerte: „Das halte ich für einen ganz entscheidenden Punkt bei Übersetzungsbüros, dass sie aktives Interesse an den Kunden zeigen, … ich halte es für das Übersetzungsbüro sehr wichtig, … dass Übersetzer sich Informationen holen oder sie Informationen anfragen …"

Die Tatsache, dass besonders größere Unternehmen viele ihrer Kommunikationsprozesse auslagern, kann für Translatorinnen eine große Herausforderung darstellen, wenn es um die Informationsbeschaffung geht. Sie ist aber keine Entschuldigung dafür, diesen Schritt zu unterlassen.

Obwohl wir die Ermöglichung von transkultureller Kommunikation für andere und die Vermittlung von Botschaften über Kulturgrenzen hinweg als prospektive, also vorwärts gerichtete, Tätigkeit betrachten, darf auch nicht vergessen werden, dass im Marketing die Senderin der Botschaft auch eine wichtige Komponente darstellt. Ein wichtiger Aspekt der Kommunikation ausgehend vom und im Unternehmen ist der der Vermittlung einer Identität und der Aufbau oder die Pflege eines Images. Das Unternehmen und seine Produkte haben eine Identität, die der Öffentlichkeit vermittelt werden soll. Die Vermittlung der Identität geschieht in hohem Maße über Kommunikation. Wie ein Unternehmen kommuniziert und was es sagt, führt dazu, dass in der Öffentlichkeit ein Image aufgebaut wird, das im Idealfall weitgehend der Identität entspricht, dem, wie das Unternehmen sich selber und seine Produkte sieht, wofür es steht, seine Werte. Aus diesem Grund ist es nicht nur wichtig, dass Kommunikationsexpertinnen den Blick auf die Zielgruppe richten, sondern sie müssen auch die Senderin und ihre Identität bei der Textproduktion im Auge behalten. Kommunikationsexpertinnen müssen verstehen, wofür das Unternehmen und seine Produkte stehen, welches Image in der Öffentlichkeit aufgebaut und gepflegt werden soll, da diese ja wiederum Widerhall finden in den Kommunikationszielen. Die Schwierigkeit, auf globaler Ebene eine einheitliche Identität zu vermitteln und das gewünschte Image zu schaffen und pflegen wurde im Buch mehrmals angesprochen. Zu diesem Thema noch ein abschließendes Zitat aus der oben erwähnten Fallstudie: „… das Unternehmen besteht zwar aus verschiedenen Bereichen, aber … die bilden das Ganze. Und wenn nun ein Teil dieses Unternehmens komplett anders kommunizieren würde, als der andere Bereich, wäre das ein so großer Bruch und wäre nicht gut für die Marke. Da müssen Sie die Marke sehen, das hat sehr stark mit der Corporate Identity zu tun, auch mit Corporate Design. Und was ist das? ... Basis der CI [Corporate Identity] ist die Kommunikation." (Framson: 2007)

Als weiterer wichtiger Punkt im Hinblick auf die Produktion von Marketingbotschaften für internationale Märkte sei noch auf die Rolle der Kommunikationsexpertin als Beraterin hingewiesen. Die Kompetenz in und zwischen den Arbeitskulturen, die Voraussetzung für translatorisches Handeln ist, befähigt Kommunikationsexpertinnen auch dazu, beratend tätig zu sein, wenn dies im Rahmen ihrer Tätigkeit erforderlich ist. Hier sei verwiesen auf das Beispiel des Werbetextes in Kapitel 5. Würde es sich dabei um einen realen Auftrag handeln, dann müsste die Translatorin unbedingt auf die beschriebene Problematik hinweisen und ihre Kulturkompetenz einsetzen um zu erklären, warum der Slogan in Österreich nicht die gleiche Aussage hätte. Es geht nicht darum, Texte grammatikalisch korrekt und stilistisch einwandfrei zu übersetzen, ohne darüber nachzudenken, was die neuen Botschaften denn überhaupt aussagen, sondern es geht darum, Botschaften zu produzieren, die einerseits die Wünsche und Erfordernisse der Auftraggeberin berücksichtigen und anderseits in der Zielkultur funktionieren.

10.2 Expertinnen im Spannungsfeld zwischen Unternehmensbereichen

Ein Merkmal der globalisierten Wirtschaft ist die Tatsache, dass Unternehmen ganze Unternehmensbereiche ins Ausland verlagern. Dadurch entsteht einerseits transkulturelle Kommunikation und damit auch Bedarf an Expertinnen der transkulturellen Kommunikation, die deren erfolgreichen Ablauf gewährleisten können. Gleichzeitig übernehmen aber die ausgelagerten Unternehmensbereiche auch Aufgaben, die sonst von Kommunikationsexpertinnen ausgeführt werden. Die ausländischen Niederlassungen werden oft dazu herangezogen, Barrieren in der Kommunikation mit den lokalen Öffentlichkeiten zu überwinden. Wie auch in einigen der geschilderten Beispiele deutlich wurde, werden Vertriebsstellen und Niederlassungen beauftragt, die Texte in ihre Landessprachen selbst zu übersetzen oder übersetzte Texte zu korrigieren. Die Vorteile, die Unternehmen bzw. Unternehmenszentralen in einem solchen Vorgehen sehen, sind mehrschichtig. Zum einen sind die Niederlassungen Teil des Unternehmens und somit eine unternehmensinterne Stelle. Dadurch besteht eine gewisse Vertrauensbasis zwischen der Unternehmenszentrale als Auftraggeberin und der ausführenden Stelle, die ja Teil des Unternehmens ist, die möglicherweise bei der Zusammenarbeit mit einer externen Partnerin (noch) nicht gegeben ist. Die Tatsache, dass die Niederlassung Teil des Unternehmens ist, bedeutet auch, dass sie mit der Materie – den Produkten, den Zielen, der Philosophie des Unternehmens – vertrauter ist, als externe Dienstleisterinnen. Anhand der geschilderten Beispiele wurde deutlich, dass es Unternehmen sehr wichtig ist, dass die Personen, die ihre Werbe- oder PR-Texte übersetzen, die Identität des Unternehmens und somit auch das angestrebte Image verstehen, und es ist nachvollziehbar, dass die Auftraggeberinnen in den Unternehmen glauben, dass dieses Verständnis bei den Personen in den Niederlassungen besser ausgeprägt ist. Durch ihre Präsenz im fremden Land kennen die Mitarbeiterinnen auch die Gepflogenheiten und Besonderheiten des Marktes, oft sind sie ja selbst Mitglieder dieser Kultur, und sind so besonders für kulturelle Belange eine wichtige Ansprechstelle. Oft ist das Telefonat oder die E-Mail an die Niederlassung auch der einfachere und raschere Weg, an ein Ergebnis zu kommen, da auch die Suche nach einer externen Dienstleisterin und die Auftragsvergabe zeitaufwendig sein können. Letztendlich kann es auch, zumindest auf den ersten Blick, finanziell günstiger erscheinen, eine Mitarbeiterin mit einer Übersetzung zu beauftragen, als jemanden von außen hinzuzuziehen.

Die Miteinbeziehung von Mitarbeiterinnen ist nicht grundsätzlich abzulehnen und kann auch gut funktionieren, besonders dann, wenn es sich dabei um Personen handelt, die über die nötigen Kompetenzen verfügen. Die Beauftragung der Niederlassungen zum Zwecke des Übersetzens und Korrektur Lesens kann aber auch zu Problemen führen, wenn die beauftragten Mitarbeiterinnen in den Niederlassungen transkulturell und translatorisch nicht geschult sind. So kann es sein, dass die Sprachkompetenz in der Zielsprache gegeben ist, dass aber die Sprachkompetenz in der Ausgangssprache nicht ausreicht, um den Ausgangstext richtig zu verstehen. Wichtiger als die Sprachkompetenz ist aber die Fähigkeit, sich von der laienhaften Vorstellung des Übersetzens lösen und die Perspektiven der Senderin sowie der Empfängerin einnehmen zu können. Muttersprachlichkeit alleine reicht nicht aus, um funktionierende Texte zu produzieren, nicht jeder kann in seiner Muttersprache gut und verständlich texten, schon gar nicht, wenn Aspekte wie die Zielgruppe, das Kommunikationsziel und der Ausgangstext in die Überlegungen miteinbezogen werden müssen. Im Hinblick auf die Vertrautheit mit den Produkten, dem Unternehmen und den Unternehmenszielen sei gesagt, dass diese auch von den Kommunikationsexpertinnen rasch erworben werden kann, wenn die Informationsbereitstellung durch die Auftraggeberin funktioniert. Die Fähigkeit, sich rasch in ein neues Aufgabengebiet oder Fachthema einarbeiten zu können, gehört zu den Kompetenzen von Translatorinnen.

Die Miteinbeziehung unternehmensinterner Stellen in den Märkten ist aber Teil der Realität, die für Kommunikationsexpertinnen gilt (siehe Beispiel des koreanischen Übersetzers). Besonders die Tatsache, dass die von Translatorinnen produzierten Texte in den Niederlassungen der Unternehmen korrigiert und „bewertet" werden, hat Auswirkungen für die Translatorinnen. Es bedeutet, dass Kommunikationsexpertinnen in der Lage sein müssen, ihr Handeln zu beschreiben, zu begründen und zu rechtfertigen. Sie müssen ihre Argumente und Begründungen, warum sie einen Text in einer und nicht einer anderen Art und Weise verfasst haben, auch verbalisieren können. Diese Fähigkeit wird sie von laienhaften Translatorinnen, die Entscheidungen im Translationsprozess intuitiv und nicht bewusst und begründbar treffen, unterscheiden.

10.3 Expertinnen im transkulturellen Arbeitsumfeld

Kommunikationsexpertinnen als Personen, die hinzugezogen werden, um Kommunikation zu ermöglichen, sind oft relativ abgeschottet tätig. Das trifft vor allem dann zu, wenn sie freiberuflich tätig sind. Für angestellte Translatorinnen in Übersetzungsagenturen oder Unternehmen trifft das nicht zu, sie sind Teil eines Teams und Teamarbeit gehört zum Arbeitsalltag. Nicht alle, die ein Studium der transkulturellen Kommunikation abschließen, schlagen jedoch eine Übersetzerinnen- oder Dolmetscherinnenlaufbahn ein. Ein Studium der transkulturellen Kommunikation kann zu Tätigkeiten in Kommunikationsabteilungen von Unternehmen, in Werbeagenturen oder -abteilungen, in Marketingagenturen, in PR-Agenturen, in internationalen Organisationen etc. führen. Die Wahrscheinlichkeit, dass Studierende der transkulturellen Kommunikation bei ihrer beruflichen Tätigkeit einen „internationalen Weg" einschlagen, d. h., dass sie in einem internationalen Umfeld, wie einem internationalen Unternehmen oder einer internationalen Organisation, tätig werden oder dass sie ins Ausland gehen, ist hoch. Ja, bereits während des Studiums bewegen sich Studierende in einem internationalen Umfeld.

Als Teil eines internationalen und kulturell inhomogenen Umfelds, sind sie nicht nur als außen stehende Expertinnen mit der Problematik und den Hürden der transkulturellen Kommunikation konfrontiert, sondern sie erfahren diese Dinge an sich selbst. Arbeitsgruppen mit multikultureller Zusammensetzung werden immer häufiger, da viele Unternehmen als Folge der Globalisierung der Arbeitsmärkte keine homogene Mitarbeiterinnenstruktur mehr aufweisen. Gleichzeitig spielt im Unternehmen Teamwork

eine sehr bedeutende Rolle. Projekte – auch viele größere Übersetzungspro-
jekte – werden nicht von einer Person alleine ausgeführt, sondern in Teams.
Aus diesem Grund ist es für Kommunikationsexpertinnen notwendig, sich
nicht nur als Expertinnen zu sehen, die für andere tätig sind und anderen
„helfen". Sie müssen sich selbst als Aktantinnen in einem internationalen
Umfeld in begreifen. Es ist daher nicht nur wichtig, die eigenen Kompetenzen so anwenden zu können, dass für andere Kommunikation ermöglicht
werden kann, sondern auch die Dynamik und Problematik transkultureller
Arbeitssituationen und -teams zu verstehen, um selbst in einem multikulturellen Umfeld erfolgreich tätig sein zu können.

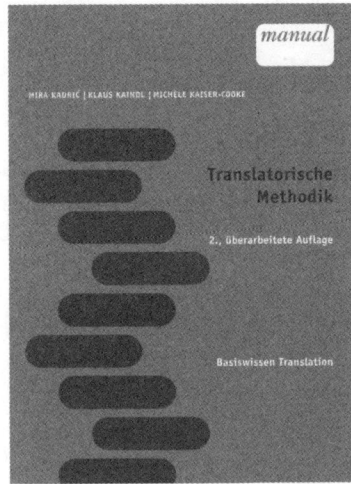

Mira Kadrić, Klaus Kaindl,
Michèle Kaiser-Cooke

Translatorische Methodik

Basiswissen Translation

2., überarbeitete Auflage
facultas.wuv 2007
165 Seiten, broschiert
ISBN 978-3-7089-0201-2
EUR 12,90 / sFr 23,–

Der vorliegende Band richtet sich sowohl an Studierende als auch an Lehrende der Translationswissenschaft und erklärt die Zusammenhänge von Theorie und beruflicher Praxis: Zum einen ermöglichen theoretische Modelle erst die Erfassung und Aufarbeitung der translatorischen Wirklichkeit, zum anderen bieten sie einen Orientierungsrahmen, der es Studierenden ermöglicht, translatorisches Handeln zu verstehen und zu erlernen. Anhand zahlreicher Beispiele erläutern die Autorinnen die Prinzipien und Methoden einer professionellen Auftragsbearbeitung und schaffen so die Basis für das nötige (Selbst-)Bewusstsein zukünftiger Translatorinnen.

facultas.wuv   **www.facultas.at**

Michèle Kaiser-Cooke

Wissenschaft Translation Kommunikation

Basiswissen Translation

facultas.wuv 2007
123 Seiten, broschiert
ISBN 978-3-7089-0039-1
EUR 9,90 / sFr 18,–

Translation berücksichtigt die Art und Weise, wie Menschen die Welt sehen und verstehen, was sie darüber wissen und wie sie damit umgehen – und findet daher nicht nur zwischen zwei Sprachen statt, sondern auch innerhalb einer Sprache. Translation ist Kommunikation über Kulturgrenzen hinweg und das Wissen darum, wie sie erfolgreich und zielbewusst gestaltet werden kann, ist in vielen Bereichen der Arbeitswelt von Bedeutung. Der Band erklärt in verständlicher Sprache die Zusammenhänge zwischen Wissenschaft, Studium und beruflicher Praxis. Er beschäftigt sich mit den verschiedenen Dimensionen der transkulturellen Kommunikation und formuliert die zeitgemäßen Anforderungen an die Profession.

facultas.wuv

www.facultas.at

Mira Kadrić,

Dolmetschen bei Gericht

Erwartungen – Anforderungen – Kompetenzen

3., überarbeitete Auflage
facultas.wuv 2009
260 Seiten, broschiert
ISBN 978-3-7089-0272-2
EUR 19,90 / sFr 35,–

Dieses Buch ist das Standardwerk zum Thema Gerichtsdolmetschen im deutschsprachigen Raum. In der dritten, überarbeiteten Auflage wird ausgehend von den theoretischen Grundlagen des translatorischen Handelns und den neuesten rechtlichen Bedingungen dieses Arbeitsfeldes die Dolmetschpraxis anhand von empirischen Untersuchungen systematisch dargestellt und kritisch beleuchtet. Eine Umfrage und eine Fallstudie zeigen, dass das Berufsbild und die Erwartungen, die in der Praxis an GerichtsdolmetscherInnen gestellt werden, oft weit auseinander liegen. Daran anknüpfend entwickelt die Autorin Vorschläge für eine spezifische Ausbildung im Bereich des gerichtlichen Dolmetschens.

facultas.wuv   **www.facultas.at**